Hormontherapie in den Wechseljahren

Hilde Löfqvist

Hormontherapie in den Wechseljahren

Alles zu Fakten und Mythen

Mit einem Geleitwort von Prof. Dr. med. Dr. rer. nat. Alfred O. Mueck

Illustrationen© Michaela von Aichberger, Coburg

Hilde Löfqvist
Bromma, Stockholms Län, Schweden

ISBN 978-3-662-62709-9 ISBN 978-3-662-62710-5 (eBook)
https://doi.org/10.1007/978-3-662-62710-5

Die Deutsche Nationalbibliothek verzeichnet diese Publikation in der Deutschen Nationalbibliografie; detaillierte bibliografische Daten sind im Internet über http://dnb.d-nb.de abrufbar.

Schwedische Originalausgabe erschienen bei „Hormonkarusellen : fakta och myter om klimakteriebehandling, Bromma, Schweden, 2019“

Fotonachweis Cover © https://stock.adobe.com/de/images/curvy-roller-coaster-rails-in-the-sky-3d-illustration/278906065?

Planung/Lektorat: Sabine Gehrig
Springer ist ein Imprint der eingetragenen Gesellschaft Springer-Verlag GmbH, DE und ist ein Teil von Springer Nature.
Die Anschrift der Gesellschaft ist: Heidelberger Platz 3, 14197 Berlin, Germany

Geleitwort

Zu der besonderen Situation der Frauen in den „Wechseljahren" sind schon viele Bücher erschienen, speziell auch zur „Hormontherapie". Gemeint damit sind die Hormone, wie sie in den Eierstöcken gebildet werden (Östradiol und Progesteron) oder synthetisch variierte Hormone, mit weitgehend vergleichbarer Wirkung, bezeichnet als „Östrogene" und „Gestagene". Auffallenderweise standen allerdings spezielle Bücher zur „Hormontherapie", früher als „Hormonersatztherapie" benannt, nicht im Fokus von Neuerscheinungen der letzten Jahre. Dies begründet sich damit, dass die Behandlung von Wechseljahresbeschwerden mit Hormonen oder auch die Prävention von Erkrankungen, die sich zum Teil oder weitgehend durch einen Ausfall der Hormone der Eierstöcke begründen, in sehr starke Kritik gekommen ist: Eine Studie in USA (Women's Health Initiative, WHI) wies auf lebensbedrohliche Risiken dieser Behandlung hin, wie vermehrt Brustkrebs, Schlaganfälle und Thrombosen. Die Studie muss sehr ernst genommen werden, da sie nach dem „Goldstandard von Studien" von klinischen Studien durchgeführt wurde, prospektiv, randomisiert, in einer hinreichend großen Studienpopulation und vor allem im Vergleich zu einem Scheinpräparat („Plazebo"). Das erklärte Ziel war, die Wirkung von Hormonen zur Prophylaxe von Herz/Kreislauf-Erkrankungen nachzuweisen, die sich bis dahin in vielen sogenannten „Beobachtungsstudien" gezeigt hatten, Studien ohne klinische Testung gegen ein Scheinpräparat. Das Ergebnis, dass sich in der WHI-Studie das Gegenteil zeigte, nämlich ein erhöhtes Risiko, führte dazu, dass plötzlich, und dann anhaltend über Jahre, weltweit kaum noch eine Hormontherapie in und nach den Wechseljahren erfolgte. Bis heute werden stattdessen häufig nicht-hormonal wirkende

Präparate, vor allem auch pflanzliche Präparate, eingesetzt, ohne dass deren Risiken entsprechend geprüft wurden.

In den letzten ca. 3–5 Jahren hat dann allerdings die Diskussion wieder begonnen, dass es nicht richtig sein kann, Nutzen und Risiken einer Hormontherapie nur nach dem Ergebnis einer einzigen, wenn auch wissenschaftlich sehr hochwertigen Studie einzuschätzen. Neue Studien zeigten plötzlich andere Ergebnisse, falls andere Studienbedingungen gewählt wurden, nämlich Behandlung mit natürlichen Hormonen, den Hormonen, die von den Eierstöcken gebildet werden oder ihnen zumindest sehr nahe stehen. Diese Hormone waren bei Planung der WHI-Studie in den USA nicht erhältlich. Stattdessen wurde als Östrogen ein Extrakt aus Pferdeurin kombiniert mit einem synthetischen Gestagen verwendet, von dem heute bekannt ist, dass gerade dieses zu höheren Risiken führen kann. Man erkannte auch, dass bei Beginn der Behandlung nicht wie in der WHI-Studie im Alter von über 60 Jahren, sondern bereits in der Zeit, in der die eigene Hormonproduktion zu versiegen beginnt, Herz/Kreislauf-Risiken nicht nur verringert werden können, sondern sogar eine Prävention möglich werden kann (sogenanntes „Therapeutisches Fenster"). Des weiteren wurde erkannt, dass durch die Verabreichung der Östrogene über die Haut als Pflaster oder Gele anstatt der Einnahme von Tabletten die in der WHI-Studie festgestellten Risiken wie Thrombosen und Schlaganfälle stark reduziert bzw. sogar komplett vermieden werden können. Streng genommen, nach heutigen Kriterien der Experten auf dem Gebiet der Hormontherapie, wurde bei der WHI-Studie das falsche Präparat (Östrogene aus Pferdeurin, synthetisches „Gestagen" anstatt humanes Progesteron) zu spät eingesetzt (Alter 63 Jahre bei Beginn der Hormontherapie!), sowie auch in einer Population von Frauen, die bereits zu ca. 50% mit den wichtigsten Risikofaktoren behaftet waren (Raucherinnen, mit hohem Übergewicht, mit Bluthochdruck oder Fett/Zucker-Stoffwechselstörungen).

Trotz dieser neuen Erkenntnisse wirkt der „WHI-Schock" in der Medizin und Wissenschaft und vor allem auch in der Berichterstattung über die Medien bis heute nach, weshalb nach den vielen kontroversen und meist negativen Berichten das vorliegende Buch einer Frauenärztin mit über 40jähriger Berufserfahrung zur richtigen Zeit kommt, um Frauen über die Möglichkeiten (und Grenzen) einer Hormontherapie aus heutiger Sicht aufzuklären. Dies erscheint erforderlich, da die Wechseljahresbeschwerden bei mindestens einem Drittel der Frauen zu einer starken Einschränkung der Lebensqualität führen, die behandlungsbedürftig erscheint, und viele dieser Frauen die unbefriedigende Wirkung von alternativen Methoden mittlerweile selbst erkannt haben. Dazu kommt, dass mit nahezu allen bekannten alternativen Methoden (pflanzliche, synthetische Präparate) zusätzliche positive Hormonwirkungen wie etwa eine Prävention der Osteoporose nicht erreicht werden können.

Das Buch stellt jedoch nicht nur die Prinzipien einer Hormontherapie dar, sondern bietet auch eine Beschreibung zu der besonderen Situation von „Wechseljahren" als ein wichtiger Teil im Lebenszyklus der Frau, der in der weiblichen Entwicklung von Geburt, über Pubertät und Adoleszenz bis zur „Menopause" (letzte Regelblutung) beschrieben wird. Die international gängige Stadieneinteilung des menopausalen Überganges (Prä-, Peri- und Postmenopause), mit den typischen „klimakterischen" Symptomen, und die übliche Dauer solcher Beschwerden wird dargestellt. Es folgt eine Beschreibung der Art und Wirkung von „Hormonen" auf die Symptome und Erkrankungen, für deren Entstehung der Verlust der körpereigenen Hormone maßgeblich oder zumindest teilweise mit verantwortlich zeichnen. Nach jedem Kapitel erfolgt eine kurze, praktisch relevante Zusammenfassung für den schnellen Leser. Alternative Therapiemöglichkeiten werden genannt und zusätzliche Maßnahmen (wie etwa Lebensstil, Ernährung, Bewegung/Sport usw) werden beschrieben. Es wird dargestellt, dass es sich bei den Wechseljahresbeschwerden nicht um krankhafte Prozesse handelt, sondern dass sie weitgehend durch einen Funktionsverlust der Eierstöcke bedingt sind. Dieses war früher, vor ca. 120 Jahren, kaum bekannt, weil die mittlere Lebenserwartung der Frau damals gerade so um die Zeit der „Menopause" lag (ca. 50. Lebensjahr). Erfreulicherweise können Frauen im Durchschnitt heute bis zum 80.Lebensjahr leben. Dabei hat aber diese für unsere Zeit neue Situation ergeben, dass Beschwerden und Folgeerscheinungen wie Veränderungen im Knochen, im Herz/Kreislauf- und Stoffwechselsystem, die direkt oder indirekt durch den Verlust von Östrogen und Gelbkörperhormon bedingt sind, irgendwie behandelt werden sollten, um die Lebensqualität trotz des Funktionsverlustes eines Organes zu erhalten.

Es liegt nahe, dass man die Hormone wieder zuführt, die nach der „Menopause" nicht mehr gebildet werden, daher der frühere Begriff „Hormonersatztherapie". Es sind aber auch noch andere Faktoren für die klimakterischen Symptome und für „postmenopausale" Veränderungen verantwortlich, wie etwa die allgemeine Alterung, Veränderungen im Lebensstil, Alltagsstress, möglicherweise gerade verstärkt in den 50iger Jahren, häufiger auch Gewichtszunahmen oder gegenteilig auch übertriebenes, ungesundes „Fitness-Training" und unsinnige, einseitige Diäten, sodass eine Rückführung der Hormone durch Hormontherapie allein nicht oder häufig nicht ausreichend wirken kann. Solche Zusammenhänge werden im Buch beschrieben und die physiologische Wirkung der verschiedenen Hormone wird dargestellt – nicht nur der von Östrogen und Progesteron, sondern auch zum Beispiel von „Stresshormonen", oder auch von „Androgenen", die auch nach der „Menopause" fehlen. Auf die Notwendigkeit, aber auch Schwierigkeit, Androgene zu ersetzen, wird speziell auch eingegangen.

Natürlich bildet die Behandlung mit Hormonen in den Wechseljahren den zentralen Teil des Buches, mit einem besonderen Kapitel zum „Aufstieg, Fall und Wiedergeburt der Hormontherapie..." unter Beschreibung des Dilemmas der eingangs genannten WHI-Studie. Für Patientinnen wie behandelnde Ärzte besonders wichtige Eckpunkte der Hormontherapie werden sehr klar herausgestellt, wie etwa die Notwendigkeit, rechtzeitig damit zu beginnen (spezielles Kapitel „Therapeutisches Fenster"), Sinn und Unsinn von Hormonbestimmungen (z. B. Speichelanalysen), die Empfehlung, die natürlichen, körpereigenen Hormone zu verwenden, und das Vorgehen bei besonderen Risiken, mit Stellungnahme etwa auch zur Frage einer hormonellen Behandlung nach Krebserkrankungen. Die Autorin scheut nicht, solch kritische und zum Teil wissenschaftlich kontrovers diskutierte Themen direkt anzusprechen, eigens auch in einem gesonderten Schlusskapitel zu „Oft gestellte Fragen über die Wechseljahre", inklusive der besonders häufig gestellten Frage des Brustkrebsrisikos bzw. zu Fragen bezüglich der in der WHI-Studie festgestellten Risiken. Fragen wie Gewichtszunahme durch Hormone, Dauer der Behandlung, Vorgehen beim Absetzen der Therapie u. a. werden beantwortet, mit einer klaren Stellungnahme zu den heute häufig benutzten sogenannten „bioidentischen Hormonen", die in Pflanzen gefunden werden, oder zu sog. „compounded drugs" (von Apotheken hergestellte Mischpräparate). Ein eigenes Kapitel widmet die Autorin zu der Frage „Sexualität in und nach den Wechseljahren", da sie als Gynäkologin mit einer Jahrzehnte langen Berufserfahrung häufig erfahren hat, dass Frauen darüber nicht sprechen wollen. Dabei lassen sich zum Beispiel Schmerzen oder Partnerprobleme bedingt durch Scheidentrockenheit durch eine einfache, weitgehend risikolose Hormonanwendung lokalisiert nur in der Scheide schnell und wirksam behandeln. Eingehende Fallvorstellungen von fünf typischen Patientinnen und mahnende Worte zur „Eigentherapie über das Internet" runden das Hauptthema „Fakten und Mythen zur Hormontherapie" ab.

Ich gestatte mir anzumerken, auf Basis einer über 30jährigen Berufserfahrung spezialisiert auf die Gebiete „Endokrinologie und Menopause" (mit über 250 internationalen Originalarbeiten aus eigener Forschung und über 700 weiteren Publikationen), und seit 10 Jahren auch Honorary Director der weltweit größten „Menopausenklinik" in Peking, dass ich vom hohen wissenschaftlichen Niveau dieses Buches überrascht war, das wohl primär für die betroffenen Frauen, unsere Patientinnen, geschrieben wurde. Dabei hat die Autorin verstanden, komplexe Zusammenhänge vereinfacht darzustellen, ohne diese inhaltlich zu verfälschen, und die gemachten Aussagen werden durch die einschlägigen Zitate der international wichtigsten Publikationen belegt. Daher denke ich, dass das Buch gerne auch vom medizinischen Personal und auch von Kolleginnen und Kollegen aus der Ärzteschaft gelesen wird. Ich gratuliere der Autorin zu ihrem Werk und wünsche ihr, dass ihr Buch, das sie sicher mit viel Liebe und Ausdauer geschrieben hat, eine entsprechend hohe Verbreitung findet.

Prof. Dr. med. Dr. rer. nat. Alfred O. Mueck; MD. PharmD. PhD.
Universitätsklinikum Tübingen, Department Frauengesundheit
Universitäts-Frauenklinik und Forschungsinstitut für Frauengesundheit, Bereiche Endokrinologie und Menopause
und
Capital Medical University, Beijing OB/GYN Hospital,
WHO Centre, China; Honorary Director
und
Gast Professor der ZheJiang Universität (Hangzhou) China
– Ehrenpräsident der Deutschen Menopause Gesellschaft e. V.
– Präsident der Deutsch-Chinesischen Gesellschaft für Gynäkologie und Geburtshilfe e. V.
Email: Alfred.Mueck@med.uni-tuebingen.de

Vorwort

Die Wechseljahre der Frau sind, wie kaum ein anderes Thema in der Medizin, immer wieder im Fokus verschiedenartigster, oft sehr emotional gefärbter Ansichten. Sind die Wallungen und Gefühlsausbrüche einer Frau um die fünfzig ein Ausdruck der Dysbalance ihrer Psyche? Ein Resultat eines gehetzten Lebens mit vielen familiären und beruflichen Herausforderungen? Ist es die heutige Gesellschaft? Oder sind etwa die Hormone daran schuld?

In unserer emanzipierten Welt werden oft unerfüllbare Ansprüche an die Frau gestellt. Sie soll eine vorbildliche Mutter, eine liebende Ehefrau, eine tüchtige Managerin ihres Berufs- und Gesellschaftslebens und ihren Eltern eine verständnisvolle Tochter sein. Von einer Frau wird also manchmal unendlich viel gefordert. Eine Ursache dafür liegt vielleicht im Aufbau des weiblichen Gehirns mit seinen vielen Querverbindungen zwischen den Hemisphären und in der dadurch bedingten speziellen Begabung der Frau, mehrere Aufgaben gleichzeitig lösen zu können. Das macht die Frau zum „Mädchen für alles". Mutti schafft es schon!

Kein Wunder, dass manchmal auch die stärkste Frau überfordert ist.

Als Gynäkologin habe ich schon seit Jahrzehnten mit Frauen in vielen verschiedenen Lebenssituationen zu tun. Die Zeit vor, während und nach der Menopause bietet eine entscheidende Chance für ein gesundes harmonisches Älterwerden, wenn sie richtig erkannt und gesteuert wird. Hormone spielen dabei eine entscheidende Rolle. Mir ist es ein großes Anliegen, meinen Patientinnen eine objektive Grundlage für die Beurteilung einer Behandlung mit Hormonen gegen Wechselbeschwerden zu geben. Die hormonelle Behandlung ist ein heißes Thema, nicht nur hier in Schweden! Das habe ich auf vielen internationalen Ärztekongressen schon seit Jahren verfolgt. Nach anfänglich sehr positiven Forschungsresultaten hat es in den letzten fast 20 Jahren sehr viele kritische Stimmen in der Bevölkerung und auch bei Forschern und Kollegen gegen die Behandlung mit Hormonen in der Menopause gegeben. So viele Vorurteile und Mythen haben sich verbreitet! Die Therapie mit Hormonen wurde einerseits hymnisch gelobt, andererseits aber komplett abgelehnt. Da ich in der Praxis täglich verzweifelte Frauen treffe, die es trotz starker Wechselbeschwerden nicht gewagt haben, eine Behandlung mit Hormonen zu beginnen, habe ich meine Erfahrungen und die Erkenntnisse der Wissenschaft sowie internationale Leitlinien in einem Buch zusammengefasst, das speziell für die Frau geschrieben ist, aber auch für das medizinische Personal interessant sein kann.

In diesem Buch beschreibe ich Symptome in den Wechseljahren, einige grundlegende Fakten über Hormone im Allgemeinen und die Entwicklung der Anwendung von Sexualhormonen im Laufe der vergangenen fast sechzig Jahre. Es ist mir ein großes Anliegen, die moderne hormonelle Behandlung von Wechselbeschwerden zu erklären. Dabei möchte ich Vorurteile aus dem Weg räumen und die positiven therapeutischen Auswirkungen einer zeitlich angepassten Hormontherapie auf das Leben der Frau beschreiben. Dabei spielen auch der gesunde Lebensstil und die innere Harmonie eine wesentliche Rolle. In einer Zeit des Individualismus und der enormen Möglichkeiten der Selbstverwirklichung kann es manchmal schwer sein, die richtige Behandlung für die eigenen Beschwerden allein oder durch gutgemeinte Ratschläge von Bekannten zu finden. Deshalb haben wir Ärzte eine große Verantwortung für das Wohl unserer Patientinnen und Patienten, um sie vor unseriösen Werbeangeboten zu schützen. In den Wechseljahren nehmen auch sexuelle Probleme zu, werden aber selten erwähnt. Aus diesem Grund ist ein Kapitel des Buches dem Thema Sexualität gewidmet. Anhand von

Berichten über verschiedene Frauenschicksale aus meiner Praxis illustriere ich, wie unterschiedlich und individuell Frauen in den Wechseljahren behandelt werden sollen.

Die medizinischen Informationen und Behandlungsvorschläge in diesem Buch sind Hintergrundwissen bzw. Empfehlungen, können aber niemals eine sorgfältige Untersuchung und individuelle medizinische Beurteilung durch einen verantwortlichen Arzt ersetzen. Daher ist jegliche Haftung für Personen-, Sach- und Vermögensschäden ausgeschlossen. Bei gesundheitlichen Beschwerden suchen Sie bitte unbedingt ihre Ärztin oder ihren Arzt auf!

Hilde Löfqvist

Danksagung

In erster Linie gilt mein Dank allen Frauen, die mir im Laufe der Jahrzehnte ihr Vertrauen geschenkt haben. Meine Patientinnen sind die primäre Quelle meiner Erfahrungen und Kenntnisse. Auf medizinischen Tagungen und Fortbildungen konnte ich die Grundlagen einer modernen Hormontherapie lernen und mich mit Kollegen austauschen. Mein besonderer Dank gilt Professor Tord Naessén in Schweden und Professor Alfred Mueck in Deutschland. Professor Alfred Wolf, Professor Alexander Römmler und Professor Johannes Huber verdanke ich den Weitblick über die Prävention altersbedingter Erkrankungen. Bei Professor Giacomo D'Elia habe ich den sokratischen Dialog gelernt. Ich möchte auch meinen beiden Kollegen Dozent Folke Flam und Dr. med. Steffan Lundberg, CevitaCare, GynStockholm, auf meiner jetzigen Klinik für ihre Unterstützung meiner Arbeitsweise danken.

Obwohl ich bereits seit vierzig Jahren in Schweden lebe, habe ich trotzdem noch wunderbare Freunde und Verwandte in Österreich! Mit ihrer Hilfe sind meine Texte auf den neuesten Stand der deutschen Sprache gebracht worden. Ich bin so dankbar über die Geduld und den Enthusiasmus, der mir entgegenkam. Mein Dank gilt besonders Mag. Elisabeth Finotti, Dr. med. Edith Wilfing-Eigner, Professor Thomas Krisch und seine Frau Mag. Birgit Krisch, Dr. med. Annelies Baier, Mag. Birgit Grießenauer-Kolley und meiner Schwester Sonja Thurner-Geißelbrecht.

Schließlich gehört der größte Dank meinem Mann Johan Löfqvist, der wichtigsten Stütze in meinem Leben. Er ist im Laufe der Jahre auch in medizinischen Fragen mein geduldiger Partner gewesen. Mit seiner breiten Ausbildung als Chirurg, Urologe und praktischer Arzt hat er mich intellektuell oft stark herausgefordert. Durch ihn und seinen nie weichenden Optimismus habe ich es geschafft, niemals aufzugeben.

Inhaltsverzeichnis

Über die Autorin

Hilde Löfqvist Ich bin gebürtige Österreicherin, aber schon seit 40 Jahren mit einem schwedischen Arzt verheiratet und selbst seit meinem 25. Lebensjahr als Ärztin in Schweden tätig. Derzeit arbeite ich als niedergelassene Gynäkologin in einer Gemeinschaftspraxis in Stockholm, Schweden. Der Schwerpunkt meiner Tätigkeit ist die Hormonbehandlung in der Menopause. Ich bin Mitglied des schwedischen Ärzteverbunds, der schwedischen Fachgesellschaft für Gynäkologie und Geburtshilfe, der IMS (International Menopause Society) und der DMG (Deutsche Menopause Gesellschaft).

Mein Interesse für Medizin habe ich meiner jetzt bald 93-jährigen Mutter zu verdanken. Sie hat mich durch ihre ständigen Ermahnungen, auf die Gesundheit zu achten, manchmal herausgefordert. Meine Mutter hat schließlich nach vielen schweren Schicksalsschlägen ihren eigenen Weg zu einer inneren Harmonie gefunden und ich habe es allmählich gelernt, ihre guten Ratschläge ernst zu nehmen. Durch ihre Aufgeschlossenheit und Herzlichkeit hat sie in jedem Alter Freunde gefunden. Sie ist in vieler Hinsicht mein großes Vorbild!

Während meiner 40-jährigen Berufslaufbahn als Ärztin und Fachärztin für Geburtshilfe und Frauenheilkunde spezialisierte ich mich immer mehr auf die hormonellen Probleme der Frau im Wechsel, dem Übergang von den noch fruchtbaren Jahren über die Menopause bis zur Zeit danach. Die moderne Hormonbehandlung nimmt heute viel mehr Rücksicht auf den ganzen Menschen. Durch meine Ausbildung in kognitiver Psychotherapie und durch zahlreiche medizinische Fortbildungen und Kongresse vor allem in Deutschland wurde ich dazu angeregt, den Frauen und vielleicht auch ihren Partnern meine jahrzehntelangen Erfahrungen und die aktuellen wissenschaftlichen Fakten zu vermitteln. Ich möchte jeder Frau zeigen, was sie tun kann, damit sie gesund und fröhlich über die Wechseljahre in ein harmonisches Älterwerden gleiten kann. Vor einem Jahr erschien mein erstes Buch über dieses Thema in schwedischer Sprache („Hormonkarusellen"). Es freut mich besonders, jetzt mit meinem neuen deutschsprachigen Buch „Hormontherapie in den Wechseljahren – Alles zu Fakten und Mythen" auch eine breitere Öffentlichkeit erreichen zu können.

1

Die Wechseljahre der Frau: ein Thema mit Variationen

Inhaltsverzeichnis

1.1 Körperliche und psychische Wahrnehmungen, wenn die Hormone Achterbahn fahren

Können Sie sich vorstellen, in einer Achterbahn zu fahren? Sie haben den Boden unter den Füßen verloren, sitzen aber fest und sausen in Schlingen und Kurven ohne selbst steuern zu können. Den Boden zu verlieren und sich diesem Kick auszusetzen, kann ein fantastisches Erlebnis sein. Aber wenn die Fahrt nie aufhört, ist es entsetzlich! So ähnlich fühlen Sie sich vielleicht, wenn Ihre Hormone „Achterbahn fahren". Dazu kommt das Gefühl, dass Sie sich körperlich und auch psychisch verändern (Abb. 1.1).

H. Löfqvist, *Hormontherapie in den Wechseljahren*,
https://doi.org/10.1007/978-3-662-62710-5_1

Abb. 1.1 Nur bei wenigen Frauen gehen die Wechseljahre spurlos und beschwerdefrei vorüber. Mindestens zwei Drittel der Frauen haben mit dem Wechsel Probleme und suchen Wege zur Erleichterung der Beschwerden. Der Reichtum an Lösungen kennt keine Grenzen. Haben Sie schon alle Möglichkeiten ausprobiert? (© mariesacha/stock.adobe.com)

Früher kaum gekannte Symptome wie Schlafstörungen, Hitzewallungen, Müdigkeit, körperliche und geistige Erschöpfung, Reizbarkeit, Ängstlichkeit und depressive Verstimmung schwächen sogar die stärkste Frau! Falls Sie außerdem an kräftigen unregelmäßigen Regelblutungen leiden, ständig Gewicht zunehmen und Gelenks-und Muskelschmerzen entwickeln, ist es nicht erstaunlich, dass auch Ihr sexuelles Interesse geringer ist, was zu Beziehungsproblemen mit Ihrem Partner führen kann. Alle diese Probleme gleichen einem „Burn Out". Aber es sind die Wechseljahre, die durch das Abfallen und das Ungleichgewicht der Hormone alle diese Zustände herbeiführen können (Abb. 1.2).

In der Mitte Ihres Lebens und am Höhepunkt Ihrer Berufslaufbahn gleichen Sie plötzlich einem störrischen Teenager! Ihr Umfeld versteht Ihre Reaktionen nicht mehr und meidet Sie. Sie fühlen sich vollkommen unverstanden und einsam. Auch wenn Sie keinen Kinderwunsch mehr haben und die Regelblutung nicht vermissen, empfinden Sie das Ende Ihrer Fruchtbarkeit als schmerzliches Anzeichen des Alterns. Doch Sie sind ja erst in der Mitte Ihres Lebens und haben die andere Hälfte noch vor sich.

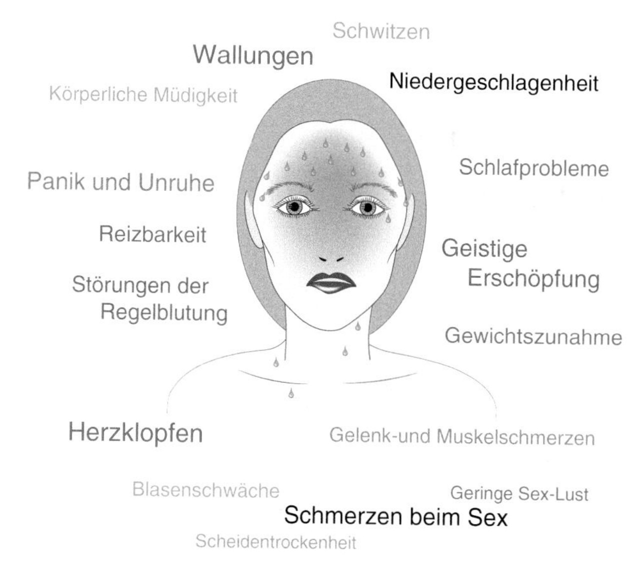

Abb. 1.2 Die Beschwerden im Wechsel können vielfältig sein. Sie kennen sich selbst nicht mehr! Die Beschwerden reichen von den klassischen Wallungen, Herzklopfen und Schwitzen über weitere körperliche Symptome, die auch Konsequenzen auf Ihre Psyche haben können

Als Gynäkologin mit besonderem Interesse für Menopause habe ich im Laufe von mehr als 20 Jahren viele verzweifelte Frauen in meiner Praxis beraten. Diese Frauen benötigten wirklich eine Hormonbehandlung, hatten es aber vorher nicht gewagt, einen Arzt aufzusuchen. Informiert hatten sie sich bei Gesundheitsexperten in den Medien, vor allem im Internet.

Vielleicht haben Sie diese Erfahrungen auch selbst gemacht. Hormonbehandlung hat seit Jahren einen unverdient schlechten Ruf. Aber die Hormontherapie in den Wechseljahren ist die effektivste Behandlung gegen Wechselbeschwerden.

1.2 Resilienz oder die Widerstandsfähigkeit, Schwierigkeiten zu bewältigen

Die Widerstandsfähigkeit, Schwierigkeiten zu bewältigen, wird auch Resilienz genannt. Diese Fähigkeit ist von Frau zu Frau recht unterschiedlich. Für viele Frauen sind die Wechseljahre mit ihren großen Veränderungen eine Krise, an anderen gehen sie fast spurlos vorüber. Haben Sie einen Partner, der Sie versteht und liebt, gesunde Kinder, keine Probleme mit kranken Eltern, mit Ihrem Beruf und Ihrer Versorgung, sind Sie sozial gut vernetzt und bei bester Gesundheit, dann sind Sie wahrscheinlich auch hervorragend für die Herausforderung der Wechseljahre gerüstet. Aber sogar unter so günstigen Umständen können Sie Probleme mit der Bewältigung der Hormonumstellung haben.

1.3 Ihr persönliches Gesundheitsprofil

Damit Sie den Zusammenhang der Hormonumstellung mit Ihren Symptomen besser verstehen, empfehle ich Ihnen eine Checkliste der Internationalen Gesellschaft für Menopause (Heinemann et al. 2003). Hier können Sie sehen, welche Beschwerden mit dem Wechsel zusammenhängen und wie gravierend sie sind. Es wird günstig sein, wenn Sie die Checkliste (Abb. 1.3) ausfüllen und mit Ihrem Arzt besprechen. Die Symptome können von Tag zu Tag, aber auch von Woche zu Woche variieren.

Ihr Lebensstil und Ihr soziales Netzwerk mit Familie und Freunden haben große Bedeutung für Ihre Gesundheit. Ihre erblichen Belastungen, frühere und gegenwärtige Krankheiten und Operationen, Allergien und Unverträglichkeiten sowie Ihre Frauengesundheit mit Schwangerschaften, Geburten oder vielleicht Kinderlosigkeit haben im Laufe der Jahre Ihre Gesundheit beeinflusst. Ihre Regelblutungen und monatlichen Regelschmerzen, aber auch zyklische Stimmungsschwankungen und Ihre Reaktion auf hormonelle oder auch andere Verhütungsmittel haben Bedeutung für die Wahl der Behandlung. Probleme mit der Harnblase, mit Sexualität und Partnerschaft, und noch vieles mehr, sollen mit Ihrem Arzt diskutiert werden.

Ihr Frauenarzt wird durch eine gynäkologische Untersuchung feststellen können, in welchem hormonellen Zustand Sie sich befinden. Eine große Hilfe in der Diagnostik sind heute der gynäkologische Ultraschall und gezielte Laboruntersuchungen.

Sie sollen gesund und fröhlich durch die Wechseljahre kommen! Die fachärztliche Beratung in der Zeit des Wechsels ist entscheidend für die Erhaltung Ihrer Gesundheit.

Menopause Rating Scale (MRS)

Welche der folgenden Beschwerden haben Sie zur Zeit?
Kreuzen Sie bitte jede Beschwerde an und wie stark Sie davon betroffen sind. Wenn Sie eine Beschwerde nicht haben, kreuzen Sie bitte „keine“ an.

Beschwerden:	**keine**	**leicht**	**mittel**	**stark**	**sehr stark**
Punktwert =	**0**	**1**	**2**	**3**	**4**
1. Wallungen, Schwitzen (Aufsteigende Hitze, Schweißausbrüche)	☐	☐	☐	☐	☐
2. Herzbeschwerden (Herzklopfen, Herzrasen, Herzstolpern, Herzbeklemmungen)	☐	☐	☐	☐	☐
3. Schlafstörungen (Einschlafstörungen, Durchschlafstörungen, zu frühes Aufwachen)	☐	☐	☐	☐	☐
4. Depressive Verstimmung (Mutlosigkeit, Traurigkeit, Weinerlichkeit, Antriebslosigkeit, Stimmungsschwankungen)	☐	☐	☐	☐	☐
5. Reizbarkeit (Nervosität, innere Anspannung, Aggressivität)	☐	☐	☐	☐	☐
6. Ängstlichkeit (innere Unruhe, Panik)	☐	☐	☐	☐	☐
7. Körperliche und geistige Erschöpfung (allgemeine Leistungsminderung, Gedächtnisminderung Konzentrationsschwäche, Vergeßlichkeit)	☐	☐	☐	☐	☐
8. Sexualprobleme (Veränderung des sexuellen Verlangens, der sexuellen Betätigung und Befriedigung)	☐	☐	☐	☐	☐
9. Harnwegsbeschwerden (Beschwerden beim Wasserlassen, häufiger Harndrang, unwillkürlicher Harnabgang)	☐	☐	☐	☐	☐
10. Trockenheit der Scheide (Trockenheitsgefühl oder Brennen der Scheide, Beschwerden beim Geschlechtsverkehr)	☐	☐	☐	☐	☐
11. Gelenk- und Muskelbeschwerden (Schmerzen im Bereich der Gelenke, rheuma-ähnliche Beschwerden)	☐	☐	☐	☐	☐

Abb. 1.3 Um sich selbst besser einschätzen zu können, empfehle ich Ihnen diesen Fragebogen. Die ersten drei Fragen handeln von körperlichen und vegetativen Beschwerden (Wallungen und Schwitzen, Herzbeschwerden und Schlafstörungen). Die Fragen 4–7 umfassen psychische Probleme und Erschöpfungssymptome (depressive Verstimmung, Reizbarkeit, Ängstlichkeit, körperliche und geistige Erschöpfung). Die Fragen 8–11 beziehen sich auf sexuelle Probleme und Unterleibsbeschwerden (Sexualprobleme, Harnwegsbeschwerden und Scheidentrockenheit) bzw. Gelenks-und Muskelbeschwerden. Die Grade Ihrer Beschwerden reichen von keinen (0), leichten (1) bis sehr starken Beschwerden (4)

1.4 Wahrnehmungen und Vorstellungen

Bei Ihrem ersten Arztbesuch ist es wichtig, zusammen mit dem Arzt Ihren jetzigen Gesundheitszustand zu besprechen. Auch Ihre Ängste und Vorstellungen, vielleicht an einer ernsten Krankheit zu leiden, müssen beleuchtet und abgeklärt werden. Es ist auch besonders wichtig, darüber zu reden, welches Risiko eine Behandlung mit Hormonen für Sie bedeuten könnte.

Wallungen und Schwitzen

Wallungen sind das Hauptsymptom in den Wechseljahren. Sie werden beschrieben wie eine Wärmewelle, die von der Brust über den Hals und Kopf bis zum Haaransatz aufsteigt. Daraufhin folgt ein exzessiver, mindestens 2–3 min langer oder längerer Schweißausbruch. Wallungen verschwinden gewöhnlich spontan nach 5 Jahren, aber bei 10 % der Frauen bleiben sie bis ins höhere Alter weiter bestehen. Sie entstehen, wie man annimmt, durch eine Störung der zentralen Steuerung der Körpertemperatur. Ursache dieser Symptome sind die hormonellen Veränderungen in den Wechseljahren der Frau. Physiologisch gesehen erhöht sich die Hauttemperatur durch verstärkte Durchblutung der Haut. Durch den unmittelbar darauffolgenden Schweißausbruch sinkt die zentrale Körpertemperatur wieder. Wallungen haben einen negativen Einfluss auf den Körper, weil sie den Blutdruck, die Stresshormone und die Herzfrequenz erhöhen. Die dadurch ausgelösten negativen Effekte auf die Wand der Blutgefäße können, so wird angenommen, zu Herz- und Kreislauferkrankungen führen (Thurston et al. 2016). Wallungen können auch Gehirnfunktionen und das Gedächtnis negativ beeinflussen. Wallungen sind nicht gesund! Es ist nicht heldenhaft, die Wallungen auszuhalten, sondern sie sind ein Gesundheitsrisiko.

Schlafstörungen

Schlafstörungen und Wallungen geschehen oft gleichzeitig. Gestörter Schlaf beeinflusst die geistige und körperliche Regeneration und Erholung. Zu den Schlafstörungen zählen Einschlafstörungen und Durchschlafstörungen. Chronische Schlafstörungen können eine Senkung der Insulinsensitivität verursachen (Kline et al. 2018), die zu Hungeranfällen, falschem

Essverhalten und Gewichtzunahme führen kann. Das falsche Essverhalten resultiert aus dem Ansteigen des „Hunger-Hormons“ Grehlin, bei gleichzeitigem Abfallen des „Sättigungs-Hormons“ Leptin. Es ist nicht verwunderlich, dass Sie an Gewicht zunehmen, sich müde fühlen und sich deshalb nicht gerne bewegen wollen. Ein Circulus vitiosus ist im Gang!

Mentale Störungen

Über Depression und Schlafstörungen wird bei ungefähr 75 % der Frauen in den Wechseljahren berichtet. In der Perimenopause, das heißt in der Zeit um die Menopause (± ein Jahr), scheint die Anfälligkeit dafür am größten zu sein (De Kruif et al. 2016). Psychische Verletzbarkeit und mentale Erschöpfungszustände erhöhen bei früher psychisch Erkrankten das Risiko, in der Menopause einen Rückfall zu erleiden.

Sexuelle Störungen

Und wie steht es mit dem Sex? Es ist begreiflich, dass körperliche Störungen, Erschöpfung, Stimmungsschwankungen und ständige Wallungen nicht gerade dazu beitragen, sexuell besonders aktiv zu sein! Das sexuelle Verlangen der Frau hat viel mit Wohlfühlen und Harmonie mit dem eigenen Körper zu tun, und wird nicht durch einen „Knopfdruck“ stimuliert. Außerdem können Scheidentrockenheit und Schmerzen beim Geschlechtsverkehr die sexuelle Lust verderben. Solche schlechten Erfahrungen können zur Vermeidung von Intimität mit dem Partner führen.

Ängste und Vorstellungen

Alle diese neuen Körpererfahrungen können Ängste auslösen, dass irgendetwas im Körper wirklich nicht stimmt. Vielleicht ist es doch eine ernste Erkrankung? Die Furcht vor Krankheiten kann Ihnen schlaflose Nächte bereiten! Diese Furcht kommt zu den existierenden Beschwerden mit Schlafstörungen, Müdigkeit und mentaler Erschöpfung noch hinzu.

Heutzutage scheint es einfach zu sein: Frag Doktor Google! Aber leider werden Sie dadurch nicht beruhigt, sondern überhäuft mit Diagnosen ernster Krankheiten wie Diabetes, Depression, Demenz, Fettsucht, Krebs, Rheumatoide Arthritis, Osteoporose, Hypertonie, Herz- oder Kreislaufstörungen und vielleicht noch viele weitere.

1.5 Eine kurze Zusammenfassung

Wie am Anfang beschrieben können viele Frauen sich in den Wechseljahren wie in einer unendlichen Achterbahn fühlen oder auch wie in einem Karussell das sich bedrohlich immer schneller dreht. Welche unterschiedlichen Symptome auftreten können, habe ich Ihnen in diesem Kapitel gezeigt. Aber etwas ist ganz klar: Es gibt einen ursächlichen Zusammenhang zwischen dem Absinken der Hormone in den Eierstöcken und Ihren Wechselbeschwerden. In der Zeit des Übergangs zwischen den fruchtbaren Jahren und den niedrigen Hormonspiegeln in der Menopause ist die Frau sehr empfindlich und verwundbar. Eine Hormontherapie kann Sie in dieser schwierigen Lebensphase begleiten und Ihnen helfen, da Sie damit am effektivsten Ihre Wechselbeschwerden behandeln können.

Literatur

De Kruif M et al (2016) Depression during the menopause: a meta-analysis. J Affect Disord 206:174–180. https://doi.org/10.1016/j.jad.2016.07.040

Heinemann L et al (2003) International versions of the Menopause Rating Scale (MRS). Health Qual Life Outcomes 1:28. https://doi.org/10.1186/1477-7525-1-28

Kline C et al (2018) Poor sleep quality is associated with insulin resistance in postmenopausal women with and without metabolic syndrome. Metab Syndr Relat Disord 16(4):183–189. https://doi.org/10.1089/met.2018.0013

Thurston R et al (2016) Trajectories of vasomotor symptoms and carotid intima media thickness in the study of women's health across the nation. Stroke 47(1):12–17. https://doi.org/10.1161/STROKEAHA.115.010600

2
Hormone

Inhaltsverzeichnis

2.1 Was sind eigentlich Hormone?

Hormone sind Substanzen, die in verschiedenen Drüsen des Körpers produziert werden. Sie dienen als chemische Botenstoffe zwischen unterschiedlichen Organen und werden hauptsächlich im Blut transportiert. Ein wichtiges Beispiel für eine hormonproduzierende Drüse ist die Hypophyse, eine Drüse im Gehirn mit vielfältiger Hormonproduktion. Die Hypophyse steuert unter anderem die Produktion von den Hormonen, welche die Eierstöcke der Frau zur Produktion von Östrogen und Progesteron anregen. Eine andere wichtige Hormondrüse ist die Schilddrüse. Ihre Hormone dienen als Botenstoffe für den Stoffwechsel vieler Zellen. Die Betazellen der Bauchspeicheldrüse produzieren das lebenswichtige Hormon Insulin, das

H. Löfqvist, *Hormontherapie in den Wechseljahren*,
https://doi.org/10.1007/978-3-662-62710-5_2

unseren Blutzuckerspiegel reguliert. Je höher der Blutzuckerspiegel ist, desto mehr Insulin wird benötigt.

Wenn man die Aktivität eines Hormons wissen will, genügt es meistens nicht, den gesamten Hormonspiegel dieses Hormons im Blut zu messen. Man misst dabei nämlich die freien und die an Transportproteine gebundenen Hormone gemeinsam. Aber nur die freie, ungebundene Form des Hormons gibt die richtige Information über die Hormonaktivität. Der Effekt eines spezifischen Hormons ist außerdem von der Anzahl und Empfindlichkeit der Zellrezeptoren für das Hormon abhängig. Die Messung des Gesamthormonspiegels kann zwar einen Hinweis auf den Hormongehalt geben. Ausschlaggebend für die Beurteilung ist aber immer das klinische Gesamtbild.

Es gibt heute im Internet viele Angebote für teure Hormonanalysen die Sie selbst über ein Laboratorium bestellen können. Diese umfassenden Blut-, Urin- und Speichelanalysen sind aber oft nicht zielführend und sollten außerdem durch eine medizinische Fachkraft interpretiert werden. Ich empfehle daher unbedingt eine Konsultation bei einem Arzt, wenn Sie sich nicht wohl fühlen und den Grund dafür wissen möchten. Nach einer genauen Anamnese und Untersuchung kann Ihr Arzt dann gemeinsam mit Ihnen beschließen, spezifische Hormontests durchführen zu lassen, um zu einer Diagnose und der dazu passenden Behandlung zu kommen.

2.2 Die Sexualhormone

Östrogen, das besonders weibliche Hormon

Die Familie der Östrogene im weiblichen Körper:

1. Östradiol
   Das wichtigste weibliche Hormon
   Produktion:
   Hauptsächlich in den Eierstöcken, auch in der Nebennierenrinde, im Gehirn, in Blutgefäßen und während der Schwangerschaft in der Placenta
   Eigenschaften:
   Bestimmt das Wachstum der weiblichen Geschlechtsorgane (Scheide, Gebärmutter, Eileiter, Eierstöcke und Brüste)
   Wirkt auf Bindegewebe, Blutgefäße, Knochen und Gehirn
   Kann als das aufbauende weibliche Hormon betrachtet werden
2. Östron
   Die wichtigste Vorstufe zum aktiven Östradiol
   Produktion:

In den Eierstöcken, der Placenta und im Fettgewebe
Eigenschaften:
Schwach biologisch wirksam
Dominiert nach der Menopause
3. Östriol
Schwächere aktive Östrogenform
Produktion:
In der Leber und in der Placenta
Eigenschaften:
Wichtig in der Schwangerschaft
Bei nicht Schwangeren nur schwacher Östrogeneffekt

Das wichtigste Östrogen ist Östradiol. Dieses Hormon wird hauptsächlich in den Eierstöcken produziert. Es reguliert die weibliche Fettverteilung (Brüste, Gesäß, Hüften und Schenkel) und die Entwicklung der weiblichen Geschlechtsorgane, die der Fortpflanzung dienen. Östradiol ist wichtig für Knochendichte und Bindegewebe und auch für das Gehirn. Es unterstützt Substanzen, die für die Gehirnfunktionen wichtig sind, wie die Signalsubstanzen Serotonin, Dopamin und Noradrenalin. Östradiol fördert auch die Produktion von Endorphinen und Opioiden (= körpereigene Substanzen zur Schmerzverarbeitung).

Eine andere Form der Östrogene ist das Östriol, das vor allem während der Schwangerschaft von Bedeutung ist. Das dritte Östrogen, Östron, hat kaum einen eigenen biologischen Effekt, ist jedoch die inaktive Form, die wieder in das biologisch aktive Östradiol umgewandelt werden kann, wenn Östradiol gebraucht wird. Frauen mit Übergewicht produzieren mehr Östron in den Fettzellen.

Androgene, die männlichen Hormone

Androgene im weiblichen Körper

Produktion:
in den Eierstöcken, der Nebennierenrinde und im Fettgewebe
Eigenschaften:
1. Dihydrotestosteron
das stärkste männliche Hormon, aus Testosteron in der Zelle gebildet
2. Testosteron
wirkt direkt auf Zellen mit Testosteronrezeptoren (z. B. Haut, Muskel, Klitoris, Stimmbänder, Knochen)
3. Dehydroepiandrosteron (DHEA)
die hauptsächliche Quelle der Hormonversorgung für die Frau nach der Menopause

Auch die Frau produziert männliche Hormone, hauptsächlich in den Eierstöcken und in der Nebennierenrinde, aber auch im Fettgewebe. Diese „männlichen" Hormone der Frau sind unter anderem für die Muskelstärke, das Skelett, die Verteilung der Körperbehaarung und das Wachstum der Kopfhaare, aber auch für die sexuelle Lust verantwortlich. Das stärkste männliche Hormon heißt Dihydrotestosteron, dann folgt Testosteron und Dehydroepiandrosteron (DHEA). Nach der Menopause gilt DHEA als die hauptsächliche Quelle der Hormonversorgung für die Frau, auch für Östrogene. DHEA wird nämlich direkt in der Zelle zu Testosteron und zu Östrogen umgewandelt. Es wirkt also in der gleichen Zelle wie diese Hormone. Dieser Mechanismus wird Intrakrinologie genannt (Labrie 2015).

Der Hormonspiegel dieser männlichen Hormone beträgt bei der Frau nur 10 % im Vergleich zu dem des Mannes. Die Androgenspiegel sinken altersgemäß bei beiden Geschlechtern im Laufe der Jahre. Bei einer fünfzigjährigen Frau ist ihre eigene Produktion von Androgenen auf ungefähr 50 % im Vergleich zu ihrer Androgenproduktion als Dreißigjährige gesunken. In Fettzellen können Androgene durch das Enzym Aromatase in Östrogene umgewandelt werden. Die Stoffwechselveränderungen bei Fettleibigkeit sind also komplex.

Progesteron

Progesteron

Das „Schwangerschaftshormon"

Produktion:
Hauptsächlich im Corpus luteum des Eierstocks, in der Nebennierenrinde, im Gehirn, und – während der Schwangerschaft – in der Placenta

Eigenschaften:
Verhindert den Abbruch der Schwangerschaft
Fördert die Umwandlung der Gebärmutterschleimhaut vom Eisprung bis zur Menstruation
Schützt die Gebärmutterschleimhaut vor unkontrolliertem Zuwachs durch Östrogeneinfluss
Wichtig für die Zellausreifung in der Brust
Schutz für Nerven, Blutgefäße und Bindegewebe
Beruhigende und angstlösende Wirkung

Progesteron ist bei der Frau von entscheidender Bedeutung für die Schwangerschaft. Die Produktion von Progesteron findet vor allem in den Eierstöcken, in der Placenta, in der Nebennierenrinde und im Gehirn statt. Progesteron ist entscheidend für das Wachstum des Fötus, verhindert den

Abbruch der Schwangerschaft und wird in erhöhter Menge während der Schwangerschaft produziert. Bei der nicht schwangeren Frau reguliert Progesteron die Menstruation. Vor dem Eisprung, in der sogenannten Follikelphase, ist der Progesteronspiegel niedrig, steigt aber bis auf das Zehnfache nach dem Eisprung. Progesteron bereitet die durch Östrogen stimulierte Gebärmutterschleimhaut auf eine Schwangerschaft vor. Die Menstruation markiert das Ende des Einflusses von Progesteron, wenn keine Schwangerschaft entstanden ist.

Progesteron hat Bedeutung als wichtiges Hormon bei beiden Geschlechtern. Es wird unter anderem auch im peripheren und zentralen Nervensystem aus Cholesterol gebildet. Es ist interessant zu wissen, dass Frauen sowohl in der Menopause als auch in der Follikelphase nach der Menstruation ungefähr gleich niedrige Progesteronspiegel im Blut haben wie Männer. Die wenig beachteten Progesteronwirkungen auf Herz, Gefäße, Knochen, Gehirn und Nervensystem sind wichtig für die Gesundheit von Mann und Frau (Römmler 2014a, b, c). Progesteron schützt vor unkontrolliertem Wachstum von Zellen in der Brust und in der Gebärmutterschleimhaut. Die hemmende Wirkung wird in Studien über Brustzellengewebe deutlich herausgearbeitet (Foidart 1998). Diesen Effekt kann man jedoch nicht mit chemisch verändertem Progesteron, also Gestagen, erreichen (Murkes 2010). Progesteron hat auch einen Einfluss auf die Körpertemperatur. Nach dem Eisprung erhöht sich die zentrale Körpertemperatur um 0,2–0,45 °C. Lange hielten viele Frauen diese Temperaturerhöhung für ein Zeichen, dass die Gefahr einer ungewollten Schwangerschaft vorüber sei. Dies ist jedoch eine sehr unzuverlässige Methode der Schwangerschaftsverhütung. Durch Beeinflussung des GABA-alpha Rezeptors im Gehirn übt Progesteron auch eine beruhigende Wirkung aus. Außerdem kann es den Blutdruck senken, verfügt über einen entwässernden Effekt auf die Nieren und schützt Blutgefäße und Nerven.

Betrachten wir diese Hormone jetzt genauer und verfolgen wir, wie sie vom Lebensbeginn bis weit ins Alter unser Leben beeinflussen.

2.3 Die weiblichen hormonellen Veränderungen von der Befruchtung bis nach der Menopause

Der hormonelle Einfluss auf die weibliche Entwicklung

Der weibliche Fötus

Hormone kontrollieren die Entwicklung des Geschlechts
Das neugeborene Mädchen
Prozentuell gleiche Hormonspiegel wie die Mutter, die dann rasch absinken
Die Eierstöcke des Mädchens beinhalten circa 2 Mio. Eizellen
Das Mädchen als Kind
Niedriger Hormonspiegel bis zum Beginn der Pubertät
Das Mädchen in der Vorpubertät
Östrogene sind für die Brustentwicklung verantwortlich (= Thelarche)
Normalerweise 7./8. bis 14. Lebensjahr
Das Mädchen in der Pubertät
Die Hormonproduktion ist jetzt voll im Gang
Androgene fördern Pubes- und Axillarbehaarung (=Pubarche)
Normalerweise 8./9. bis 15. Lebensjahr
Ausreifung der weiblichen Geschlechtsorgane
Die Eierstöcke des Mädchens beinhalten jetzt noch 400.000 Eizellen
Die erste Regelblutung findet statt (= Menarche)
Normalerweise 9.–15./16. Lebensjahr
Das Mädchen wird zur Frau
Die Geschlechtsentwicklung ist abgeschlossen
Die Geschlechtshormone kommen ins Gleichgewicht
Die definitive Körperlänge ist erreicht
Die Menstruation wird regelmäßig
Das Mädchen kann jetzt schwanger werden
Die reife Frau
Die erwachsene Frau hat jetzt 400 Eisprünge zu erwarten, wenn sie nicht durch Hormonbehandlung oder Schwangerschaft verhindert werden

Von der Befruchtung bis zur Geburt

Der Beginn des Lebens ist ein Wunder! Eizelle und Spermium vereinen sich bei der Befruchtung in unmittelbarer Nähe des Eierstocks. Das befruchtete Ei beginnt sich sofort zu teilen und wandert innerhalb von 4 Tagen als kugeliger Zellhaufen, auch Morula genannt, durch den Eileiter. Nach fünf bis sechs Tagen nistet sich diese Keimblase in der Gebärmutterschleimhaut ein und wird von nun an Embryo genannt. Gleichzeitig entwickelt sich dort auch die Placenta. Sie heißt Mutterkuchen, weil sie für die Ernährung des heranwachsenden Babys zuständig ist. Zwei bis drei Monate nach der Befruchtung übernimmt die Placenta allein die Kontrolle über die Hormonproduktion. Aber bis dahin müssen die Eierstöcke der Schwangeren weiter die Hormone bilden, welche die Schwangerschaft fördern und einen Schwangerschaftsabbruch verhindern. Progesteron ist besonders wichtig für die Schwangerschaftserhaltung. Etwas ganz Besonderes geschieht in der Placenta. Sie bildet ein Hormon, das nur in der Schwangerschaft produziert wird, humanes Choriongonadotropin, verkürzt HCG genannt. HCG steigt sehr steil in den ersten zehn Wochen der Schwangerschaft an und hält die Funktion des Corpus luteum – des Gelbkörpers im Eierstock – in Schwung, damit genügend Progesteron produziert wird, bis die Placenta das Kommando für das Wachstum des Fötus nach drei Monaten vollständig übernimmt. Der Embryo hat sich nun nach sechzig Schwangerschaftstagen zum Fötus entwickelt. Jetzt sind die meisten Organe angelegt, müssen aber weiter differenziert und entwickelt werden. Der Fötus wächst unter dem Einfluss der Schwangerschaftshormone weiter bis zur Geburt neun Monate nach der letzten Regel der Frau.

Die Geschlechtsentwicklung

Die Entwicklung des Geschlechts des Embryos beginnt in der siebten bis achten Woche nach der Befruchtung. Ein Embryo mit zwei X Geschlechtschromosomen wird weiblich, und ein Embryo mit den Geschlechtschromosomen X und Y wird männlich. In seinen Hoden wird jetzt Testosteron in der gleichen Konzentration wie in der Pubertät produziert. Eine Kaskade von hormonellen Veränderungen wirkt auf den männlichen Embryo und steuert seine Entwicklung. Der Embryo muss jedoch Zellrezeptoren haben, um auf diese Hormone reagieren zu können. Wenn diese Rezeptoren bei einem genetischen Defekt fehlen, entwickelt er sich trotz der männlichen Geschlechtschromosomen XY in seinem Aussehen zu einem Mädchen. Dies nennt man testikuläre Feminisierung. „Das Weibliche kommt zuerst" ist eine Hypothese, die vor allem in feministischen Kreisen sehr populär war. Spätere Forschung zeigte jedoch, dass dies nicht ganz stimmt. Östrogen ist notwendig für die weibliche Prägung des Gehirns. Das weibliche Gehirn hat zwischen den zwei Hemisphären mehr Verbindungen als das männliche. Vielleicht erklärt dies das Phänomen von „multi-tasking", einer speziell weiblichen Eigenschaft, mehrere Aufgaben gleichzeitig im Kopf zu haben und lösen zu können (Brinzendine 2008). Bei einer weiteren angeborenen Veränderung, dem sogenannten Turner Syndrom mit dem Chromosomensatz X0 statt entweder XY (männlich) oder XX (weiblich), sieht das neugeborene Baby wie ein Mädchen aus. Es hat jedoch keine funktionierenden Eierstöcke, die Östrogen produzieren können. Das hat natürlich Folgen für die weitere Entwicklung.

Die eben gebrachten Beispiele zeigen, wie Hormone, Hormonrezeptoren und Geschlechtsentwicklung zusammenhängen.

Das neugeborene weibliche Baby

Ein neugeborenes weibliches Baby (Abb. 2.1) hat die gleiche Konzentration von Östrogen und Progesteron im Blut wie seine Mutter. Diese Hormonspiegel sinken jedoch drastisch nach der Geburt. Bei der Geburt hat das Mädchen circa zwei Millionen Eizellen. Im Laufe des Säuglingsalters und der Kindheit findet ein kontinuierliches Wachstum der Follikel statt. Die meisten Follikel gelangen jedoch nicht bis zum Eisprung sondern sterben vorher schon ab. Bei der erwachsenen Frau gibt es aber immer noch einen reichen Überschuss an Eianlagen.

Kindheit

Bis zum Alter von acht Jahren sind die Hormonspiegel bei Mädchen niedrig. Das wird durch den starken negativen hormonellen Rückkopplungsmechanismus im Hypothalamus und der Hypophyse bewirkt (Leidenberger 1992). Die Hormonproduktion ist beim Kleinkind noch relativ hoch. Sie sinkt bis zum sechsten bzw. siebten Lebensjahr und steigt daraufhin allmählich wieder an. Die Eierstöcke produzieren während der Kindheit kaum Hormone, bis die zentrale Hemmung des Rückkopplungsmechanismus abnimmt und die Hormonproduktion der Eierstöcke angekurbelt wird.

Abb. 2.1 Das größte Glücksgefühl für eine Frau ist ihr gesundes neugeborenes Baby. Das kleine Mädchen hat erstaunlich viel mit seiner Mutter gemeinsam. Es hat im Augenblick der Geburt die gleiche Konzentration von Östrogen und Progesteron im Blut wie seine Mutter

Pubertät

Während der Pubertät ist die Hormonproduktion sehr hoch. Durch starken Östrogeneinfluss entwickeln sich die Brüste (= Thelarche) und die Geschlechtsorgane im Körper des Mädchens. Die männlichen Hormone beeinflussen geschlechtsspezifischen Haarwuchs (= Pubarche). Nach dem ersten Eisprung kommt die Produktion von Progesteron in Gang. Der Beginn der ersten Menstruation im Leben einer Frau heißt Menarche. Es dauert einige Zeit, bis dieser Kreislauf von hormonellen Signalen und Reaktionen sich eingespielt hat. Von den circa zwei Millionen Eizellen sind jetzt noch 400.000 übrig, die restlichen haben sich im Laufe der Entwicklung zurückgebildet.

Adoleszenz

Normalerweise entwickelt sich das Mädchen im Alter von fünfzehn bis achtzehn Jahren zur erwachsenen Frau. Die Menstruation erfolgt regelmäßig (Abb. 2.2). Das Knochenwachstum ist abgeschlossen und die endgültige Körpergröße ist erreicht. Eine Schwangerschaft ist möglich.

Der Menstruationszyklus

Bei einer gesunden erwachsenen Frau ist das Intervall vom ersten Tag der Regel bis zum Start der nächsten Blutung normalerweise 28 Tage (24–35 Tage).

Die Gebärmutterschleimhaut:

Unter dem Einfluss von Östrogen beginnt die Gebärmutterschleimhaut in der sog. Follikelphase zu wachsen. Nach dem Eisprung wird in der sog. Lutealphase die Schleimhaut der Gebärmutter durch das Hormon Progesteron umgewandelt, damit ein befruchtetes Ei eingebettet werden kann. Das Wachstum der Schleimhaut setzt circa 14 Tage fort. Ist keine Schwangerschaft eingetreten, sinkt der Hormoneinfluss, die Schleimhaut wird aufgelockert und beginnt zu bluten. Damit ist dieser Zyklus abgeschlossen. Ein neuer Menstruationszyklus kann wieder starten.

Der Eierstock:

Der Eierstock wird durch das follikelstimulierende Hormon der Hypophyse (FSH) im Gehirn zu Östrogenproduktion und Eireifung stimuliert. Wenn das reife Ei platzt, bildet sich an dieser Stelle das sogenannte Corpus luteum. Das Signal für den Eisprung kommt durch ein zweites Hormon der Hypophyse, das luteinisierende Hormon (LH). Im Corpus luteum wird das Hormon Progesteron gebildet.

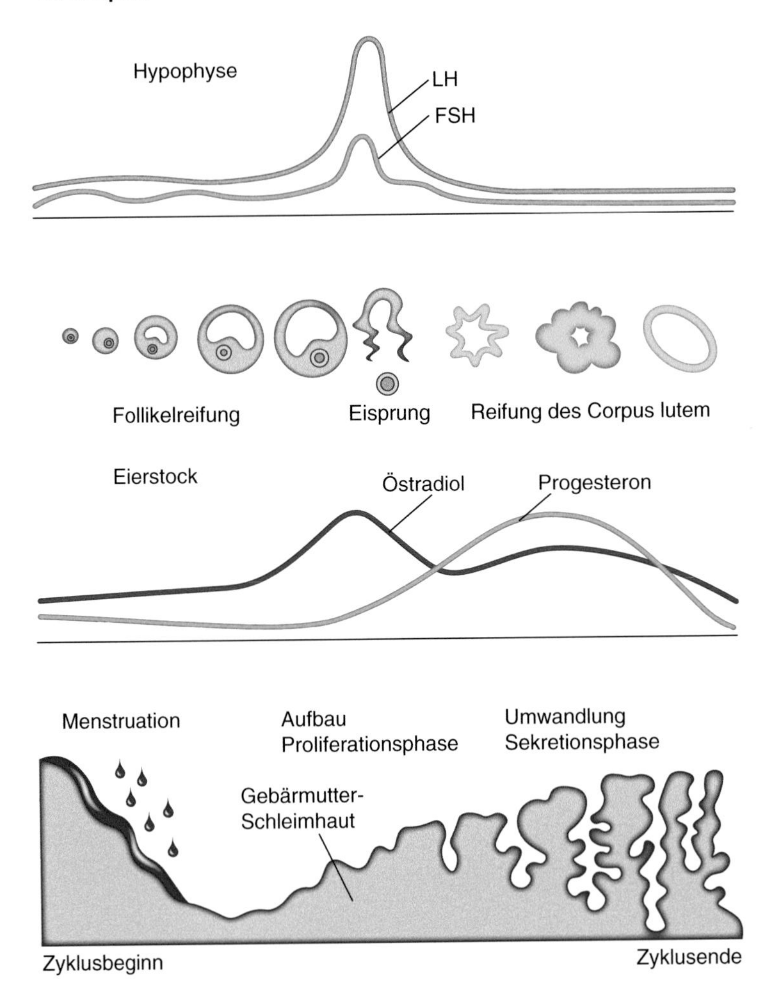

Abb 2.2 Der Menstruationszyklus. Die Hypophysenhormone FSH und LH steuern Eireifung und Eisprung im Eierstock. Die Eierstockhormone Östrogen und Progesteron steuern das Wachstum und die Reifung der Gebärmutterschleimhaut. Die Gebärmutterschleimhaut nimmt entweder bei beginnender Schwangerschaft ein befruchtetes Ei auf oder wird nach einem Zyklus von 24–35 Tagen aufgelockert und abgebaut. Das startet die Regelblutung. Damit ist der Zyklus abgeschlossen. Ein neuer Menstruationszyklus kann wieder beginnen

Die reife Frau

Das Alter der Frau zwischen ungefähr achtzehn und fünfundvierzig Jahren wird als ihre geschlechtsreife Lebensphase bezeichnet. Eierstöcke, Gebärmutter, Hypothalamus und Hypophyse arbeiten zusammen in einem regelmäßigen Rückkopplungssystem. Während dieser reifen Lebensperiode hat die Frau, falls sie den Eisprung nicht verhindert, circa 400 Eisprünge – also 400 Möglichkeiten, schwanger zu werden.

Die Wechseljahre

Die Frau vor, im und nach dem Wechsel

Prämenopause:
Einzelne Störungen der Hormonproduktion der Eierstöcke
Kann schon ca. 10 Jahre vor der Menopause beginnen
Perimenopause:
1–2 Jahre vor und nach der letzten Regel
Nachlassen der Progesteronproduktion
Variierende Östrogenproduktion
Häufige Wechselbeschwerden
Menopause:
Östrogen- und Progesteronspiegel permanent niedrig
Die Menopause ist die letzte Menstruation im Leben der Frau
Durchschnittsalter für die Menopause: 52 Jahre
Postmenopause:
Die Zeit nach der Menopause
Sehr niedrige Hormonspiegel von Östrogen, Progesteron und Androgenen
Die Geschlechtsorgane sind geschrumpft und inaktiv

Der Übergang von den ersten Regelstörungen bis zum Aufhören der Menstruation wird auch Prämenopause genannt. Die Zeit ein bis zwei Jahre vor und nach der letzten Menstruation der Frau, die Perimenopause, kann als der eigentliche Wechsel oder das Klimakterium bezeichnet werden. Beschwerden, die mit den Wechseljahren zusammenhängen, können sich über einen Zeitraum von zehn oder mehr Jahren erstrecken. Die Wechseljahre starten mit dem Nachlassen der Produktion von Progesteron, aber gleichzeitig unterschiedlich hohen Östrogenspiegeln. Diese Periode endet schließlich mit dem Absinken der Produktion beider Hormone in den Eierstöcken. Die Menstruationen sind anfänglich kürzer und unregelmäßiger wegen der verminderten Produktion von Progesteron. Bei gleichzeitig relativ hohen Östrogenspiegeln können Beschwerden wie das Schwellen der Brüste, Gewichtszunahme und instabiler Blutdruck vorkommen. Der Mangel an Progesteron kann Unruhe, Angst und Niedergeschlagenheit hervorrufen. Wenn dann auch das Östrogen absinkt, kommen die klassischen Beschwerden wie Wallungen, Schwitzen, Herzklopfen und Schlafstörungen dazu. Die betroffenen Frauen leiden oft unter Ängsten, Depressionen, Gedächtnisstörungen und Müdigkeit. Viele Frauen haben auch weniger sexuelle Lust, höhere Schmerzempfindlichkeit, Schmerzen in Gelenken und Muskeln, und Gewichtszunahme.

Am Beginn der Wechseljahre kann phasenweise eine Normalisierung dieser Zustände eintreten. Längere Perioden mit hohem Östrogenspiegel können stärkere und längere Blutungen zur Folge haben. Die Zeit unmittelbar vor der letzten Regelblutung wird durch einen hohen Spiegel von FSH (= follikelstimulierendes Hormon der Hypophyse) und einen niedrigen Östrogenspiegel geprägt. Die Hypophyse gibt den Eierstöcken das Kommando, Östrogen zu produzieren, es gelingt aber nicht mehr. Die Regelblutung hört allmählich auf, und die Beschwerden der Wechseljahre nehmen zu. Die altersbedingte Abnahme der männlichen Hormone kann zu geringerer sexueller Lust und Vitalität führen. Chronische Müdigkeit, der Verlust der Schamhaare, trockene Haut und schwache Muskeln können Anzeichen für einen abnormalen Verlust an männlichen Hormonen sein.

Die Menopause und die Postmenopause

Die Menopause ist die letzte Menstruationsblutung der Frau. Laut Definition kann ihr Zeitpunkt erst ein Jahr nach Ausbleiben der Regelblutung festgestellt werden. Die Eierstöcke haben aufgehört, Progesteron und Östradiol zu produzieren. Das führt zu extrem niedrigen Blutspiegeln dieser beiden Hormone. Auch die Androgenspiegel sinken ab, aber nicht in gleichem Ausmaß, weil Androgene weiterhin in der Nebennierenrinde produziert werden.

Nach der Menopause führt bei manchen Frauen die Diskrepanz zwischen den sehr niedrigen Östrogenspiegeln im Vergleich zu den nicht so schnell sinkenden Androgenen zu Beschwerden wie unerwünschtem Bartwuchs bei gleichzeitigem Kopfhaarverlust.

Die sehr niedrigen Östrogenspiegel können Scheidentrockenheit und Schmerzen beim Sexualakt hervorrufen. Sie können auch zu Blasenentzündung, häufigem Harndrang und Inkontinenz führen. Die klassischen Wechselbeschwerden wie Wallungen und Schwitzen verschwinden im Durchschnitt nach 5 Jahren. Sie bleiben jedoch bei 10 % der postmenopausalen Frauen länger bestehen oder hören nie auf. Nach der Menopause produzieren die Eierstöcke nur noch sehr kleine Hormonmengen. Eine 60-jährige Frau hat im Allgemeinen eine niedrigere Östrogenproduktion als ein Mann im selben Alter.

2.4 Andere altersabhängige Hormone

Hier möchte ich nur kurz die wichtigsten Hormone erwähnen, die ebenfalls im Laufe des Älterwerdens ziemlich drastisch abnehmen. Wie Sie sehen werden, geschieht dies jedoch unterschiedlich schnell.

Das Wachstumshormon

Das Wachstum bei Kindern hängt mit dem Einfluss des Wachstumshormons, auch Growth Hormone (GH) oder Somatotropes Hormon (STH) genannt, zusammen. Im Alter von zehn bis fünfzehn Jahren hat das Wachstumshormon sein höchstes Niveau. Es sinkt allmählich auf 50 % des maximalen Wertes im Lebensalter von fünfundzwanzig bis dreißig Jahren. Der Rückgang des Wachstumshormons fällt mit der Menopause zusammen und wird auch manchmal „Somatopause" genannt (Römmler 2014a, b, c).

Melatonin

Das Hormon Melatonin ist ein Produkt des Tryptophan-Serotonin-Stoffwechsels und wird in der Nacht bei Dunkelheit in der Zirbeldrüse im Gehirn produziert. Am Tag verwandeln die Darmzellen Tryptophan über Serotonin zu Melatonin. Damit sind wichtige Verdauungsprozesse verbunden. Melatonin wird nicht nur in der Zirbeldrüse, sondern auch in vielen anderen Teilen des Gehirns gebildet. Seine Schutzwirkung auf die Zellen im Gehirn und im Darm sind allgemein nicht so bekannt und ein wichtiges Thema in der Erforschung der Regenerationsprozesse. Melatonin wird als wichtiges Hormon zur Vorbeugung von Krankheiten im Alter gesehen (Römmler 2014a, b, c). In erster Linie ist das Hormon Melatonin für unseren gesunden Schlaf verantwortlich. Während der Kindheit und bis zum Beginn der Pubertät hat es einen hohen Einfluss auf den heranwachsenden Menschen. Dieser Einfluss nimmt aber dann graduell im Laufe der Zeit ab. Das erklärt, warum junge Menschen spät aufwachen und ältere Menschen mehr Schlafstörungen aufweisen. Unser Biorhythmus benötigt Phasen der Erholung und Regeneration. Melatonin ist gerade in dieser Hinsicht sehr wichtig, weil es für einen guten Schlaf sorgt.

2.5 Lebensbegleitende Hormone

Es gibt Hormone, die für den Organismus lebenswichtig sind. Dazu gehören vor allem die Stresshormone, das Insulin und die Schilddrüsenhormone.

Weitere wichtige Hormone im Körper der Frau sind Oxytocin und Prolaktin. Ein von mir auch öfter erwähntes Hormon ist das Sättigungshormon Leptin, das einen starken Einfluss auf das Körpergewicht hat. Es würde den Rahmen dieses Buches sprengen, noch auf weitere Hormone einzugehen. Die Endokrinologie – die Wissenschaft die sich mit Hormonen beschäftigt – entdeckt ständig neue Hormone. Wenn Sie mehr darüber wissen wollen, empfehle ich Ihnen ein Buch (Schneider 2020), das eine detailliertere Einsicht in die Welt der Hormone ermöglicht.

Oxytocin

Im Hypophysenhinterlappen wird das Hormon Oxytocin produziert. Dieses Hormon ist besonders wichtig in der Schwangerschaft und Stillzeit. Es aktiviert die Kontraktionen der Gebärmutter während der Geburt und stimuliert die Milchdrüsen der Frau beim Stillen. Hohe Oxytocinkonzentrationen erzeugen ein Gefühl der Harmonie und Zusammengehörigkeit („Kuschelhormon"). Auch die Intensität des Orgasmus hängt mit Oxytocin zusammen.

Prolaktin

Prolaktin ist das Milchdrüsenhormon, das am Ende der Schwangerschaft verstärkt im Hypophysenvorderlappen gebildet wird. Wenn ein Baby an der Brust saugt, steigt bei der Mutter die Milchproduktion an. Bei hohem Prolaktinspiegel schießt Milch ein und die Brüste spannen. Prolaktin wird auch bei Männern gebildet und hat mehrere andere Funktionen, die noch nicht vollständig erforscht sind.

Leptin

Dieses Hormon wird in den Fettzellen produziert und auch „Sättigungshormon" genannt, weil es das Signal der Sättigung an das Gehirn sendet. Niedrige Leptinspiegel führen zu Hungergefühl und hohe Leptinspiegel zum Gefühl der Sättigung. Übergewichtige Menschen haben mehr leptinproduzierende Fettzellen und daher einen hohen Leptinspiegel. Eigenartigerweise verspüren sie trotzdem kein Sättigungsgefühl und hören nicht auf zu essen. Man nimmt an, dass ihr Körper nicht mehr normal auf den hohen Leptinspiegel reagiert, sondern das paradoxe Signal „Warnung vor dem Verhungern" zum Gehirn sendet. Dies könnte der Grund dafür sein, dass übergewichtige Menschen große Schwierigkeiten beim Abnehmen haben.

Ein guter Rat: Geben Sie Leptin eine Chance, besser zu arbeiten, indem Sie gut und lange kauen und langsam essen! Die Sättigung ist auch eine Zeitfrage.

Schilddrüsenhormone

Die Hormone der Schilddrüse, unter anderem Thyroxin (T4) und Trijodthyronin (T3), sind lebenswichtig für den Stoffwechsel der Zelle. Eine Überproduktion zeigt sich oft in Symptomen wie Schwitzen, erhöhter Herzfrequenz, Gewichtsverlust und ständigem Hunger. Das Gegenteil, die Unterfunktion der Schilddrüse, führt zu Gewichtszunahme, Frieren, Müdigkeit, Appetitlosigkeit und dem Gefühl, aufgeschwemmt zu sein. Alle diese Symptome finden wir auch bei der Frau im Wechsel. Darum ist es sehr wichtig, bei ähnlichen Symptomen eine Schilddrüsendysfunktion auszuschließen.

Insulin

Insulin wird in den Beta-Zellen der Bauchspeicheldrüse gebildet. Es ist das Hormon, das für die Steuerung des Blutzuckerspiegels verantwortlich ist. Insulin sorgt dafür, dass der Blutzucker in die Zellen transportiert wird, um Energie zu speichern oder zu verbrauchen. Muskelzellen verwenden diese Energie, um kontrahieren zu können, Fettzellen speichern sie als Fett. Die Leberzellen brauchen diese Energie für ihre vielseitigen Stoffwechselprozesse. Leberzellen und Muskelzellen können Zucker als sogenanntes Glykogen speichern. Kortisol wirkt dem Insulin entgegen und holt sich bei Stress den gespeicherten Zucker aus den Zellen für die akute Versorgung mit neuer Energie. Glukagon ist ein Gegenspieler des Insulins. Es wird in den Alpha-Zellen der Bauchspeicheldrüse gebildet und sorgt dafür, dass der Blutzuckerspiegel nicht bedrohlich niedrig wird, indem es den Blutzucker aus den Speicherzellen mobilisiert. Insulin ist aber nicht nur für den Zucker, sondern auch für den Eiweißaufbau in der Zelle verantwortlich. Insulin stimuliert den Auf- und Einbau von Fetten in die Fettspeicher und hemmt den Abbau von Fett. Ein ständig erhöhter Blutzuckerspiegel wird Diabetes genannt. Diabetes Typ 1 heißt der Insulinmangelzustand, bei dem Insulin durch eine Autoimmunreaktion nicht mehr gebildet werden kann. Diabetes Typ 2 entsteht durch lange Belastung mit erhöhtem Blutzucker, zum Beispiel bei Überernährung mit hoher Kohlehydratzufuhr. Die Bauchspeicheldrüse reagiert dabei zuerst mit einer erhöhten Produktion von Insulin. Die Zellen reagieren jedoch nicht. Sie sind gegen Insulin resistent geworden. Diese Insulinresistenz ist ein Merkmal des sogenannten metabolischen Syndroms, der Wohlstandskrankheit unserer industrialisierten Welt. Richtige Ernährung kann den Insulinspiegel und das Gewicht in Schach halten und somit vorbeugend wirken.

Stresshormone

Die Stresshormone Noradrenalin, Adrenalin und Kortisol werden in der Nebenniere gebildet. Im Laufe der Evolutionsgeschichte entstanden sie als probates Mittel um akute Gefahren zu meistern und Feinden zu entkommen. Der Mensch musste Gefahren innerhalb von wenigen Sekunden schnell wahrnehmen können, über gute Muskelkraft und Ausdauer verfügen, eine verminderte Verwundbarkeit, Schmerzempfindlichkeit und kurze Blutungsdauer besitzen. Dazu haben wir unsere Stresshormone. In der Jäger- und Sammlerzeit waren diese Eigenschaften lebensnotwendig. Die Menschen lebten damals in kleinen Gruppen. In unserer heutigen Gesellschaft leben wir in viel höherer Dichte beisammen und müssen uns ständig an neue Gegebenheiten und Informationen der Gesellschaft anpassen, obwohl unser Körper diesem Lebensstil nicht gewachsen ist. Frauen müssen meist für die Familie sorgen, obwohl sie auch hart in ihrem Beruf arbeiten. Sie haben viele Aufgaben gleichzeitig zu meistern. Dies kann eine Kaskade von chronischem Stress in Gang setzen, die vor allem in den Wechseljahren spürbar wird. Chronischer Stress und ständig hohe Stresshormonspiegel, besonders Kortisol, können zu Gehirnschäden und Gedächtnisstörungen, Magengeschwüren, Bluthochdruck, psychischen Störungen und Muskelschmerzen führen. Ein Burn-Out Syndrom mit langwierigem Gesundungsprozess kann dann das Resultat dieser Entwicklung sein.

2.6 Eine kurze Zusammenfassung

Der Einfluss der Hormone, dieser chemischen Botenstoffe zwischen verschiedenen Organen und Geweben, ist aus unserem Leben nicht wegzudenken. Es gibt lebenswichtige Hormone wie Insulin, Schilddrüsenhormone und die Stresshormone, die in Kürze beschrieben worden sind. Alle Hormone haben eine spezifische und unersetzbare Funktion für ihr Zielorgan, wie zum Beispiel das Prolaktin in der Stillzeit. Die Produktion mancher Hormone sinkt im Laufe des Lebens sehr stark und hört fast auf. Es ist ja vernünftig, dass der Körper nach der Pubertät nicht immer weiterwächst! Hormone, die wir für unsere Fortpflanzung brauchen, haben ihre Blütezeit, wenn der Körper reif für eine Schwangerschaft ist. Es ist das Schicksal der Frau, in der Mitte des Lebens das Versiegen der Geschlechtshormone zu erleben. Der drastische Abfall von Östrogen und Progesteron hat viele Konsequenzen. Was diese Hormone für den weiblichen Körper bedeuten, wurde in diesem Kapitel grundlegend beschrieben.

Literatur

Brizendine L (2008) Das weibliche Gehirn. Goldmann, München

Foidart JM et al (1998) Estradiol and progesterone regulate the proliferation of human breast epithelial cells. Fertil Steril 69(5):963–969. https://doi.org/10.1016/s0015-0282(98)00042-9

Labrie FJ (2015) All sex steroids are made intracellularly in peripheral tissues by the mechanisms of intracrinology after menopause. J Steroid Biochem Mol Biol 145:133–138. https://doi.org/10.1016/j.jsbmb.2014.06.001

Leidenberger A (1992) Klinische Endokrinologie für Frauenärzte, Endokrinologie der Kindheit und der Pubertät, S 91–100. Springer. https://doi.org/10.1007/978-3-662-08110-5

Murkes D et al (2010) Effects of percutanous estradiol-oral progesterone versus oral conjugated equine estrogens-medroxyprogesterone acetate on breast cell proliferation andbcl-2 protein in healthy women. Fertil Steril 336:7655–7657. https://doi.org/10.1016/j.fertnstert.2010.09.062

Römmler A (2014a) Hormone, Leitfaden für die Anti-Aging-Sprechstunde. Kapitel 5, Wachstumshormon und Somatopause, S 55–59.Thieme, Stuttgart

Römmler A (2014b) Hormone, Leitfaden für die Anti-Aging-Sprechstunde. Kapitel 8 Progesteron – systemische Wirkungen für Mann und Frau, S 123–136. Thieme, Stuttgart

Römmler A (2014c) Hormone, Leitfaden für die Anti-Aging-Sprechstunde. Kapitel 11 Melatonin – mehr als ein Schlafhormon, S 185–191. Thieme, Stuttgart

Schneider H (2020) Hormone – ihr Einfluss auf mein Leben. Springer. ISBN 978-3-662-58977-9. https://doi.org/10.1007/978-3-662-58978-6

3

Die Behandlung mit Hormonen in den Wechseljahren

Inhaltsverzeichnis

In diesem Kapitel möchte ich Ihnen zeigen, welche fantastischen Möglichkeiten sich Ihnen heutzutage zur Behandlung der hormonellen Probleme in den Wechseljahren eröffnen. Es ist noch keine hundert Jahre her, dass wir wissen, wie die Eierstöcke mit der Menstruation und mit der Menopause zusammenhängen. In früheren Zeiten glaubte man, die Menopause sei eine Krankheit. Die Menstruationsblutung wurde als notwendige Reinigung von ungesunden Körpersäften betrachtet. Frauen mit Blutungen wurden als gesünder angesehen als jene ohne Blutungen. Die Blutungen betrachtete man als natürlichen „Aderlass". Man nahm an, dass diese vermeintlich giftigen Ausscheidungen mit dem Aussetzen der Menstruation im Körper zurückbleiben würden. Kein Wunder, dass Frauen vermieden, über die Probleme der Wechseljahre zu sprechen! Sie schämten sich im Stillen.

Seit der Zeit des Hippokrates (450–370 vor Christus) bis zur Mitte des 19. Jahrhunderts war Aderlass das häufigste Heilmittel für die meisten

H. Löfqvist, *Hormontherapie in den Wechseljahren*,
https://doi.org/10.1007/978-3-662-62710-5_3

schweren Krankheiten. Der erste amerikanische Präsident, George Washington, starb an den Folgen einer Halsinfektion, die durch Aderlass behandelt wurde. Wie neuere Forschungen gezeigt haben, brachte die Methode des Aderlasses mehr Schaden als Nutzen mit sich. Heute wird diese Prozedur nur mehr in ganz speziellen Fällen angewendet.

Der Wechsel ist keine Krankheit, kann aber mit vielen körperlichen und psychischen Problemen verbunden sein, die sich auch in Depressionen und sexuellen Störungen äußern können. Viele Frauen nehmen unvermeidliche Altersveränderungen an ihrem Körper wahr, weil ihre Haut Falten bekommt und die Fettpölsterchen zunehmen. Einige Frauen zweifeln an ihrer sexuellen Attraktivität und sind traurig über den Verlust der Möglichkeit, noch ein Kind zu empfangen und auszutragen. Sie fühlen sich nicht mehr „gut genug" als Frau, Geliebte oder Mutter. Dadurch kann ihr Selbstvertrauen stark sinken, und das ist wahrscheinlich mitverantwortlich dafür, dass Frauen ihre Probleme mit den Wechseljahren lieber für sich behalten. Damit ist das Thema „Menopause" oft tabu.

Aber dank der medizinischen Wissenschaft und durch die Emanzipation der Frau erleben wir hier derzeit große Veränderungen. Heute verstehen wir den Zusammenhang von Hormonen, Menstruationszyklus, Schwangerschaft und Menopause. Wir wissen von der Instabilität der Hormone in den Wechseljahren und wie die dadurch verursachten Probleme behandelt werden können. In diesem Buch möchte ich Ihnen Methoden zeigen, wie Sie mit Hilfe von Hormonen durch die Wechseljahre gleichsam „gleiten" können und sich dabei viele Probleme ersparen.

3.1 Behandlung altersbedingter Hormonveränderungen in den Wechseljahren

Behandlung mit human-identischen Hormonen

Die Bezeichnungen „human-identisch", „bio-identisch" oder „körperidentisch" haben im Zusammenhang mit Hormonen im Grunde ganz genau dieselbe Bedeutung. Gemeint ist damit die Therapie mit einem Hormon, das mit einem Hormonmolekül des Menschen chemisch identisch ist. Die meisten der human-identischen Hormone werden aus Pflanzen, z. B. aus Soja oder aus der mexikanischen Yamswurzel, gewonnen. Das ursprüngliche Molekül dieser Pflanzen wird chemisch zu einem bio-identischen Molekül umgewandelt. Dieses Molekül kann dann weiter chemisch verändert werden. Ein Beispiel dafür ist Progesteron. Das ursprüngliche Molekül kann chemisch zu einem Progesteron-ähnlichen Molekül, einem sogenannten Gestagen, umgebaut werden. Dadurch entstehen veränderte Eigenschaften des ursprünglichen Moleküls. In den USA verwendet man traditionsgemäß immer noch Östrogene, die aus dem Urin trächtiger Stuten gewonnen werden. Diese Östrogene heißen auch konjugierte" Östrogene, englisch „equine", also vom Pferd (CEE). Sie sind nicht „human-identisch", sondern „Pferd-identisch", und werden bei Frauen auf gleiche Weise wie bio-identische Östrogene zur Behandlung von Wechselbeschwerden eingesetzt.

Der Begriff „bio-identisch" hat sich jetzt schon so eingebürgert, dass wir im Folgenden von bio-identischen Hormonen sprechen wenn es um die human-identischen Moleküle geht.

Bio-identisches Östrogen

Östradiol ist das effektivste Mittel gegen Wechselbeschwerden und wird entweder als Tablette oder als Pflaster, Gel oder Spray zur Applikation auf die Haut angeboten. Für die Behandlung von „lokalen" Beschwerden in der Scheide gibt es Scheidentabletten oder einen Scheidenring mit Östradiol.

Das im Vergleich zu Östradiol viel schwächere Hormon Östriol wird hauptsächlich als Scheidenzäpfchen bzw. als Creme oder Gel für die Behandlung bei „lokalen" Beschwerden in der Scheide verwendet. Östriol gibt es auch als Tablette zum Schlucken.

Östradiol oral (als Tablette)

Die Östradioltablette wird häufig mit einem Gestagen/Progesteron kombiniert, damit ein effektiver Schutz vor Gebärmutterblutungen gewährleistet ist. Wenn die Gebärmutter schon früher entfernt worden ist, kann die Östradioltablette in den meisten Fällen ohne Zusatz verabreicht werden.

In einer schematischen Zeichnung möchte ich Ihnen den Vorgang der Aufnahme von Östradiol als Tablette im Vergleich zur Applikation durch die Haut genauer erklären (Abb. 3.1).

Nachdem die Östradioltablette geschluckt worden ist (1), passiert sie den Magen (2) und gelangt in den Zwölffingerdarm und in den Dünndarm (3). Anschließend wird sie als aufgelöste Substanz in der Darmschleimhaut resorbiert und durch die Portalvene in die Leber (4) transportiert. In der Leber wird Östradiol zu 95 % in die inaktive Form Östron umgewandelt.

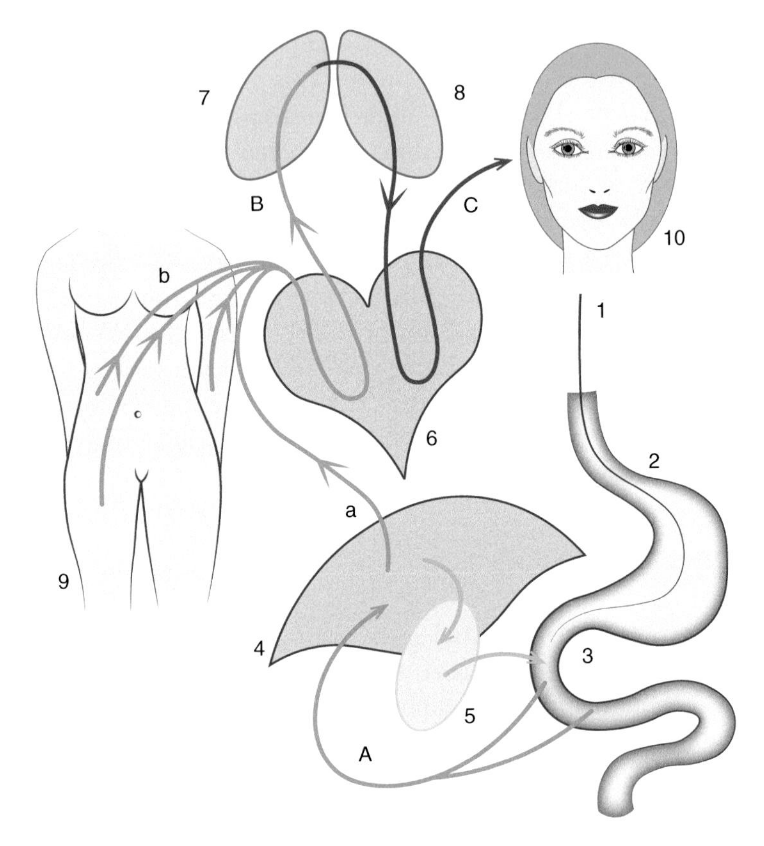

Abb. 3.1 Wie wird das Hormon Östradiol im Körper aufgenommen?. Unterschiede der Aufnahme über die Haut oder als Tablette

Das nennt man „die erste Leberpassage". Östron zirkuliert im sogenannten enterohepatischen Kreislauf (A) von der Leber über die Gallenblase (5) zurück zum Darm und wieder zurück zur Leber. Bei Tabletteneinnahme (a) kommt 5 % des ursprünglichen Östradiols über den Blutkreislauf zum Ziel. Über den venösen Blutkreislauf (B) passiert das Östradiol den rechten Teil des Herzens (6) und die Lungenarterie, welche sich verzweigt und die beiden Lungenflügel (7 und 8) gleichzeitig erreicht (in der Abbildung wird der Kreislauf zwischen Herz und Lunge vereinfacht dargestellt). Von der Lunge gelangt das jetzt sauerstoffreiche Blut über die Lungenvene zum linken Teil des Herzens. Vom dort aus erreicht das Östradiol über den arteriellen Blutkreislauf (C) alle Gewebe und damit auch die Zielorgane (10), die reich an Östrogenrezeptoren sind. Dort wird Östradiol in die Zellen aufgenommen, wo es seine spezifische Funktion ausübt.

Die Menge an Östradiol in der Tablette muss ausreichen, um den Verlust durch den Stoffwechsel in der Leber auszugleichen. Darum muss diese Tablette 1000–2000 µg Östradiol enthalten. Im Vergleich dazu benötigt man bei Anwendung eines Pflasters lediglich 50 µg pro Tag. Große Mengen der inaktiven Östrogenform Östron aktivieren in der Leber zahlreiche Stoffwechselprozesse und es entstehen auch Östrogenabbauprodukte. Einige davon können bei dafür anfälligen Frauen sogar einen potenziell brustkrebsfördernden Hormoneffekt auf das Brustgewebe ausüben (Santen et al. 2015). Ein Teil von Östron wird auch wieder in Östradiol zurückverwandelt. Unerwünscht starke Östrogeneffekte können zum Beispiel geschwollene und empfindliche Brüste sein. Östron stimuliert in der Leber die Bildung von Bindungsproteinen, die auch von anderen Hormonen verwendet werden. Dadurch kann es zu einem erhöhten Bedarf an Schilddrüsenhormonen oder Vitamin D kommen.

In der Leber regt Östrogen auch die Produktion von Gerinnungsfaktoren an. Dadurch erhöht sich (besonders bei Risikopatientinnen) die Thrombose- und Schlaganfallsgefahr. Auch der Blutdruck kann steigen, und die Wahrscheinlichkeit einer Gallensteinbildung ist erhöht (Römmler 2014b).

Östradiol transdermal (durch die Haut)

Die transdermale Anwendung von Östradiol (b) hat sich als sehr erfolgreich erwiesen. Durch jahrelange Forschung ist es gelungen, Pflaster, Gel und Spray mit Östradiol herzustellen. Östradiol wird dabei von der Haut (9) zu 98 % direkt in den venösen Blutkreislauf (B) aufgenommen und passiert über den rechten Teil des Herzens (6) die Lunge (7 und 8). Wie ich schon vorher beschrieben habe, kommt Östradiol von der Lunge zum Herz und über den arteriellen Blutkreislauf (C) zu den Zielorganen (10) in Eierstöcken, Brüsten, Gebärmutter, Scheide, Harnröhre und Harnblase, in Knochen, Blutgefäßen, Bindegewebe und Gehirn, ohne vorher die Leber passieren zu müssen.

Die transdermale Form der Behandlung wird heute der oralen vorgezogen, weil diese Methode das Risiko für Thrombose, hohen Blutdruck, Schlaganfall, Gallenblasenerkrankung und Brustschwellungen reduziert (Mueck 2012). Das Risiko, an einer Thrombose zu erkranken, wird durch die transdermale Östrogenbehandlung nicht erhöht. Dies gilt auch für Frauen, die früher an einer Thrombose erkrankt waren und erfolgreich behandelt wurden (Scarabin et al. 2003).

Östrogen vaginal (in der Scheide)

Östrogenmangel nach der Menopause kann zur sogenannten vulvovaginalen Atrophie (VVA) der Scheide führen. Dabei wird die Scheide immer enger und die Scheidenschleimhaut immer dünner und empfindlicher. Beschwerden wie Trockenheit, Brennen, Irritation und Schmerzen beim Sex sowie Blasenschwäche und -entzündungen kommen dabei häufig vor. Durch die Gabe von Östrogen direkt in die Scheide kann der Mangel am effektivsten behoben werden (s). Man verabreicht Östriol mittels Zäpfchen, Vaginalcreme oder -gel, oder Östradiol in Form von Vaginaltabletten und sogar einen Silikonring mit Östradiol, der drei Monate lang in der Scheide verbleiben kann. Wir sprechen von einer lokalen symptomatischen Behandlung, die nach der Menopause je nach Bedarf das ganze Leben lang fortgesetzt werden kann und oft auch muss, weil sonst die Beschwerden zurückkehren. Von dieser lokalen Östrogenbehandlung ist aber nicht zu erwarten, dass auch die klassischen Wechselbeschwerden wie Wallungen und Schwitzen verschwinden. Dazu ist diese Form der vaginalen Östrogenbehandlung viel zu schwach.

Das bio-identische Östradiol ist das effektivste Mittel gegen starke Wechselbeschwerden. Es wird entweder als Tablette oder als Pflaster, Gel oder Spray auf der Haut verwendet. Beschwerden durch Östrogenmangel in der Scheide können mit Östradiol oder auch mit Östriol, einem schwächeren bio-identischen Östrogen, direkt in der Scheide behandelt werden.

Bio-identisches Progesteron

Natürliches Progesteron wird über den Magen-Darmkanal nur in geringen Mengen aufgenommen. Deshalb hat man im Laufe der Jahre das Progesteronmolekül in seiner Struktur chemisch verändert. So entstanden die sogenannten Gestagene. Vor circa vierzig Jahren entwickelten französische Forscher eine Methode zur Förderung der Resorption von ursprünglichem Progesteron durch Mikronisierung. Dabei wird Progesteron in viele winzig kleine Teile zerlegt und in eine mit pflanzlichem Öl gefüllte Gelatinekapsel verpackt. Dieses Progesteron kann entweder geschluckt (oral) oder auch in der Scheide (vaginal) verwendet werden.

Progesteron vaginal (in der Scheide)

In der Scheide wird Progesteron gut resorbiert und beeinflusst als „first pass effect" direkt die Gebärmutterschleimhaut. Diese Methode wird vor allem begleitend bei künstlicher Befruchtung verwendet. Nur das natürliche bio-identische Progesteron schützt den Embryo in der Implantations- und frühen Wachstumsphase davor, ausgestoßen zu werden. Synthetisch verändertes Progesteron, also Gestagen, kann man nicht verwenden, um eine Fehlgeburt zu verhindern, mit Ausnahme von Dydrogesteron (auch als Retroprogesteron bekannt), welches dem Progesteron sehr ähnlich ist, aber in diesem Fall nicht in der Scheide appliziert wird.

Vaginales Progesteron kann auch gemeinsam mit Östradiol bei der Behandlung von Wechselbeschwerden eingesetzt werden. Durch seinen „first pass effect" direkt zur Gebärmutterschleimhaut hin schützt das vaginale Progesteron vor einem unerwünschten Wachstum dieser Schleimhaut bei gleichzeitiger Behandlung mit Östrogen. Damit werden auch Blutungen gesteuert oder verhindert.

Vaginales Progesteron gibt es als Gel, Tablette und als Kapsel, wie oben beschrieben.

Progesteron oral (als Kapsel zum Einnehmen)

Das mikronisierte Progesteron kann nicht nur in die Scheide eingeführt werden, sondern auch oral in Form einer Kapsel geschluckt werden. Bei der Therapie von Wechselbeschwerden ist Progesteron eine natürliche Ergänzung zu Östradiol. Ein natürlicher Menstruationszyklus besteht ja aus einer Aufbauphase (durch Östrogen), und einer Reifungsphase (durch Östrogen und Progesteron zusammen). Bei der Behandlung wird also Progesteron 12–14 Tage in jedem Monat oder einer Periode von 28 Tagen zu Östradiol auf gleiche Weise hinzugefügt, so wie es in einem natürlichen Menstruationszyklus normalerweise funktioniert. Mit dieser Methode kommt es meistens zu einer monatlichen Blutung. Bei einer anderen Behandlungsart, der kontinuierlichen Therapie, wird Progesteron zusammen mit Östradiol verabreicht. Diese Methode verhindert Blutungen, wird aber erst nach der Menopause eingesetzt, da man davor Zwischenblutungen riskieren würde.

Bioidentische Hormonbehandlung-unterschiedliche Dosierungen

A: Zyklische Hormonbehandlung
Vorzugsweise in der Perimenopause, die zyklische Monatsblutung bleibt erhalten
Ein Behandlungszyklus: 28 Tage

1. Transdermale Östrogenbehandlung täglich, gleiche Dosis ohne Pause plus
2. Progesteronkapsel 200 mg abends zum Einnehmen während 12–14 von 28 Tagen in der 3. und 4. Woche des Zyklus

B: Kontinuierliche Hormonbehandlung
Die blutungsfreie Methode nach der Menopause
Gleiche Dosis Östrogen und Progesteron täglich ohne Pause:

1. Transdermale Östrogenbehandlung plus
2. Progesteronkapsel 100–200 mg abends zum Einnehmen

Statt mikronisiertem Progesteron wird oft synthetisch verändertes Progesteron zum Schutz der Gebärmutter verwendet. Diese Gestagene wurden jahrelang entwickelt, um die Gebärmutterschleimhaut vor unerwünschtem Wachstum oder gar Krebs zu schützen. Synthetisch veränderte Gestagene haben neue Eigenschaften, aber auch neue, unerwünschte Nebenwirkungen (Gewichtszunahme, Stimmungsschwankungen, Angst, Depression und verminderte sexuelle Lust) verglichen mit Progesteron (Goletiani et al. 2007). Bei längerer Einnahme ist auch das Brustkrebsrisiko etwas erhöht. Mikronisiertes Progesteron hingegen ist günstiger für das Brustgewebe. Es erhöht im Vergleich zu den meisten Gestagenen kaum die radiologische Dichte des Brustgewebes. Das ist wichtig für eine frühzeitige Diagnose von Brustkrebs.

Die geschluckte Progesteronkapsel wird im Körper schnell resorbiert und teilweise umgewandelt. Die umgearbeiteten Nebenprodukte kommen über den Blutkreislauf auch ins Gehirn. Dort dockt einer dieser Metaboliten, nämlich das Allopregnanolol, an den für Beruhigung verantwortlichen GABA-alpha Rezeptor an (Schumacher et al. 2014). Für die meisten Frauen, besonders für jene mit Schlafstörungen und Angstzuständen, ist die beruhigende Wirkung vorteilhaft, weil sie Entspannung und Schlaf fördert. Deshalb sollte die Progesteronkapsel am Abend vor dem Schlafengehen eingenommen werden. Es gibt jedoch Ausnahmen. Einige sehr empfindliche Frauen reagieren paradox mit Angst statt mit Ruhe. In diesen Fällen ist der Versuch einer vaginalen Progesterongabe sinnvoll. Die Reaktionen auf Progesteron sind sehr individuell.

Progesteron schützt die Nerven. Untersuchungen zum Einsatz von Progesteron bei Trauma und multipler Sklerose sind vielversprechend (Avila et al. 2018).

Im Laufe der letzten Jahre hat sich die Anwendung von mikronisiertem Progesteron anstelle der Gestagene weitgehend durchgesetzt. Vor allem in den USA werden individuell zusammengesetzte Hormonkombinationen vom Arzt verschrieben und in der Apotheke direkt hergestellt. Damit kann aber die Sicherheit des Medikamentes nur vom verschreibenden Arzt garantiert werden. Diese individuelle Behandlung ist etwas problematisch (Mirkin 2018). Stattdessen empfiehlt die internationale Gesellschaft für Menopause die Verwendung von industriell hergestelltem Progesteron mit standardisierter Dosis samt Beipackzettel und Verpackung. Diese Medikamente können dann vom Arzt nach internationalen wissenschaftlich erprobten Richtlinien verschrieben werden (Baber et al. 2016).

Progesteron transdermal (durch die Haut)

Progesteroncreme wird im Internet sehr beworben. Sie bietet jedoch bei gleichzeitiger Anwendung von Östradiol (gegen Wechselbeschwerden) keinen sicheren Schutz der Gebärmutterschleimhaut. Man weiß, dass nur circa 10 % der Progesteroncreme ins Blut aufgenommen werden. Es gibt nicht genügend evidenzbasierte Studien, die beweisen, dass Progesteron in Form einer Hautcreme für die Behandlung von Wechselbeschwerden geeignet ist (Mueck 2015).

> Die Kombination von Östradiol mit bio-identischem Progesteron ist heute eine sehr gefragte Methode in der Hormontherapie. Progesteron ist dabei für den Schutz der Gebärmutterschleimhaut verantwortlich. Bei einer der Natur so weit wie möglich angepassten Behandlung sollten bio-identische Hormone verwendet werden. Mikronisiertes Progesteron kann entweder als Kapsel zum Einnehmen oder in der Scheide verwendet werden.

Androgene, die männlichen Hormone

Frauen mit Verlust der Eierstockfunktion vor Vollendung des 40. Lebensjahres, auch POI (premature ovarian insufficiency) genannt, weisen häufig einen Testosteronmangel auf. Dies gilt auch für Frauen, denen die Eierstöcke vor der natürlichen Menopause entfernt worden sind (Alexander et al. 2006). Auch bei Nebennierenrindeninsuffizienz und Burn-Out Syndrom entsteht ein relativer Androgenmangel (Quinkler 2013). Dieser Mangel kann zu verminderter sexueller Lust und reduzierter Vitalität führen. Deshalb sollten fehlende Androgene auch bei Frauen ersetzt werden. Frauen, die an geringer sexueller Lust und verminderter Reaktion auf sexuelle Stimulanz leiden (HSDD = hypoactive sexual desire/disorder und FSAD = female sexual arousal disorder), sollten nach korrekter Diagnose behandelt werden. Aber noch gibt es kein zugelassenes Testosteron für Frauen. Ihr Arzt kann Ihnen mit einem Rezept für dermale Applikation (Gel oder Pflaster) „off label" weiterhelfen. Es ist sehr wichtig, dass Ihr Arzt Ihnen die richtige Dosierung verschreibt. Eine Überdosierung kann zu irreversiblen Nebenwirkungen wie Stimmveränderung, Aggressivität und Vermännlichung führen. Die Blutspiegel der Androgene sollten regelmäßig überprüft werden. Eine Frau benötigt normalerweise ein Zehntel der Dosis des Mannes (Simon et al. 2018).

Es scheint sicherer zu sein, den Androgenmangel mit DHEA (Dehydroepiandrosteron) auszugleichen. Das in der Nebennierenrinde produzierte DHEA ist die Quelle männlicher Androgene, vor allem nach der Menopause, wenn die Eierstöcke nicht mehr genügend Hormone produzieren (Labrie 2015). Es gibt nicht nur Hinweise auf positive Effekte einer Substitution mit DHEA bei Libidoverlust, sondern z. B. auch bei Herz/Kreislauf-Problemen, Insulinresistenz und Übergewicht. Wissenschaftlich beweisende Daten und evidenzbasierte Richtlinien sind leider noch ausständig (Genazzani und Pluchino 2010, 2015). Ihr Arzt kann Ihnen ein „off label" Rezept verschreiben. Die Dosis sollte niedrig gehalten werden und nach individuellen Laborbefunden angepasst werden (Römmler 2014a; b). Leider gibt es einen unkontrollierten Markt für DHEA in Drogerien in den USA und über das Internet. DHEA ist in den USA durch die Behörde (Food & Drug Administration, FDA) als Nahrungsergänzungsmittel klassifiziert und frei erhältlich. DHEA gibt es aber seit kurzem auch als verschreibungspflichtiges vaginales Zäpfchen gegen vulvo-vaginale Atrophie (VVA), also gegen lokale Beschwerden in der Scheide. Neue Studien zeigen einen sehr guten Effekt von DHEA-Vaginalzäpfchen gegen Scheidentrockenheit, Jucken und sexuelle Probleme (Labrie et al. 2009).

Der Einfluss männlicher Hormone nimmt mit zunehmendem Alter bei allen Frauen und Männern ab. Eine Behandlung mit Androgenen kommt bei vorzeitigem Absinken der Androgene durch Operation oder frühzeitigem Funktionsverlust der Eierstöcke, aber auch bei anderen belastenden Zuständen und sexuellen Problemen infrage. Die Testosteronsubstitution ist immer noch etwas problematisch. Als Alternative bietet sich DHEA an, vor allem auch bei vaginalen Problemen in der Menopause.

Andere hormonelle Behandlungsmöglichkeiten gegen Wechselbeschwerden

Hormonkombinationen von bioidentischem Östradiol und Gestagenen waren bis vor wenigen Jahren die Standardbehandlung schlechthin. Die synthetisch veränderten Progesteron-ähnlichen Gestagene haben sehr unterschiedliche Eigenschaften (vgl. 3.2).

Die üblichen Behandlungsmöglichkeiten, die Sie von Ihrem Gynäkologen sicherlich angeboten bekommen, sind Behandlungen mit einer zwölf- bis vierzehntägigen Ergänzung durch Gestagene in jedem 4-Wochen-Zyklus. Damit reift die Schleimhaut der Gebärmutter und wird mit einer menstruationsähnlichen Blutung ausgestoßen. Diese Methode wird auch mit einer zeitlichen Verzögerung angewendet, indem man die zwölf- bis vierzehntägige Gestagenkur nur jeden zweiten oder dritten Monat gibt. Ich vergleiche diese Methode oft mit dem Rasenmähen. Damit das Gras schön wächst, muss man es regelmäßig mähen. Mäht man es selten, kann sich Unkraut leichter verbreiten. Übersetzt auf die Gebärmutterschleimhaut ist es sicherer, diese häufiger zu schützen als auf längere Zeit wachsen zu lassen.

Eine weitere Methode ist die kontinuierliche zusätzliche Gabe von Gestagenen in Form einer Tablette oder eines Pflasters. So können Blutungen vermieden werden. Diese Methode eignet sich aber nur für die postmenopausale Frau, bei der keine spontanen Blutungen mehr auftreten.

Die Behandlung mit der Hormonspirale, also einer Gestagenspirale in der Gebärmutter, die man jedes fünfte Jahr austauscht, ist eine elegante und sichere Methode, einer Hyperplasie, also einem unkontrollierten Wachstum der Gebärmutterschleimhaut, vorzubeugen.

Seit vielen Jahren verwendet man Tibolon, ein Gestagen mit gleichzeitig östrogenen, progesteron- und testosteronähnlichen Eigenschaften, gegen Wechselbeschwerden. Es klingt ja ideal, dass eine Tablette alle Wechselbeschwerden auf einmal beseitigen kann. Aber es reagieren nicht alle Frauen gleich positiv auf Tibolon. Auf lange Sicht scheint auch mit Tibolon das Krebsrisiko, vor allem für Gebärmutter- und Eierstockkrebs, nicht vollständig eliminiert zu sein (Lokkegaard 2018).

Eine Hormonbehandlung in den Wechseljahren soll individuell an Ihre Bedürfnisse und gesundheitlichen Voraussetzungen angepasst werden. Wie Sie sehen, gibt es viele Alternativen. Entscheiden Sie zusammen mit Ihrem Arzt, welche Methode für Sie am besten geeignet ist.

Hormonbehandlungsschema im Zeitfenster

Prämenopause: Unregelmäßige Blutungen ohne klassische Wechselbeschwerden
Noch keine Östrogengabe
Zur Zyklusstabilisierung eine 10 bis14-tägige Progesteron/Gestagenkur
Wiederholung nach Bedarf
Perimenopause: Klassische Wechselbeschwerden mit unregelmäßigen Blutungen

1. Östradiol in individueller Dosierung kontinuierlich, +
2. Zyklische Behandlung mit Progesteron/Gestagen zur Stabilisierung von Blutungen 12–14 Tage monatlich

Menopause: Wechselbeschwerden, keine Regelblutung seit einem Jahr

1. Östradiol in angepasster Dosis, die zum Verschwinden der Beschwerden führt, +
2. Progesteron/Gestagen

Verschiedene Behandlungsmodelle mit Progesteron/Gestagen:

a) Kontinuierliche Behandlung (täglich)
b) Zyklische Behandlung 12–14 Tage monatlich
c) Intermittierende Behandlung 12–14 Tage jeden 2.–3. Monat

Wechselbeschwerden bei Frauen ohne Gebärmutter
Östradiol in angepasster Dosis ohne Progesteron/Gestagen
Ausnahme: medizinischer Bedarf einer Progesteron/Gestagengabe (z. B. Endometriose)

Natur-identische Hormonbehandlungen

Phytoöstrogene sind eine Gruppe sekundärer Pflanzeninhaltsstoffe. Ihre chemische Struktur ist der des Östradiols sehr ähnlich. Phytoöstrogene kommen in Rotklee, Sojabohnen, Leinsamen und mehreren anderen Pflanzen vor. Sie besitzen sowohl östrogenähnliche als auch antiöstrogene Eigenschaften. Phytoöstrogene können an die Östrogenrezeptoren andocken und auf diese Weise ähnlich wie Östrogene wirken. Deshalb werden sie auch „Biomimetics" genannt. Wenn diese Substanzen mit dem Östrogenrezeptor reagieren, können sie entweder einen stimulierenden oder hemmenden Einfluss auf die Funktion der Zelle ausüben (Bedell et al. 2014). Die Trauben-Silberkerze, Cimicifuga racemosa, hat eine besondere Stellung. Studien haben gezeigt, dass der Extrakt dieser Wurzel bei Brustkrebspatientinnen nicht nur schwere Wechselbeschwerden lindern kann, sondern auch den Anti-Tumor-Effekt des Brustkrebs-Medikaments Tamoxifen (ein selektiver Östrogenrezeptormodulator) verstärken kann. Auf diesem Gebiet wird intensiv geforscht (Ruan et al. 2019).

Es wäre wünschenswert, ein Heilmittel gegen Wechselbeschwerden ohne Nebenwirkungen oder langfristiges Risiko zu finden, das zusätzlich auch Alterserkrankungen vorbeugt.

Pflanzliche hormonähnliche Substanzen sind sehr populär, weit verbreitet und für die Behandlung der Wechselbeschwerden im deutschsprachigen Raum seit langem etabliert. Sie brauchen nicht vom Arzt verordnet zu werden. Das Thema dieses Buches ist jedoch die Hormonbehandlung. Deshalb werden alternative Methoden nur am Rande erwähnt.

3.2 Hormonelle Behandlung von Problemen in den Wechseljahren

In den Wechseljahren können verschiedene gynäkologische Beschwerden auftauchen, die durch das Absinken und das Ungleichgewicht der Geschlechtshormone verursacht werden. Gewisse krankhafte Zustände können von ihrem Arzt effektiv mit Hormonen behandelt werden. Unterschiedliche hormonelle Behandlungen sind möglich (Kuhl 2005).

Die kombinierte „Pille"

Seit den 1960iger Jahren gibt es die Anti-Baby-Pille, das Mittel der Wahl für viele Frauen, die eine Schwangerschaft verhindern wollen. Die erste „Pille" hieß Enovid®. Sie wurde als Mittel für Blutungsstörungen entwickelt, erwies sich aber als effektiv, eine Schwangerschaft zu verhüten. Diese ungeahnte Möglichkeit sollte sich enorm auf die sexuelle Revolution der Frau auswirken. Endlich konnte die Frau selbst ihre Familienplanung steuern und ihre Sexualität ohne Furcht vor einer Schwangerschaft ausleben. Wie sich im Lauf der Zeit herausstellte gibt es auch negative Seiten dieser Errungenschaft wie zum Beispiel ein erhöhtes Risiko für Thrombosen.

Die Anti-Baby-Pille ist normalerweise aus einem Gestagen- und einem Östrogen-Teil zusammengesetzt. Das Gestagen muss synthetisch verändertes Progesteron sein, um den Eisprung zu verhindern. Der Östrogenteil ist in den meisten kombinierten Pillen chemisch verändertes Östradiol, nämlich Ethinylöstradiol (EE). Ethinylöstradiol ist ein sehr potentes Östrogen. Es bleibt lange im Körper. Während Östradiol schon nach einer Leberpassage verstoffwechselt wird, passiert Ethinylöstradiol die Leber ca. zwanzigmal, bevor es ausgeschieden wird. Der Einsatz dieses potenten Hormons in den Wechseljahren muss sehr genau überlegt werden, vor allem auch wegen des erhöhten Risikos einer Thrombose. Statt EE gibt es nun auch die „Pille“ mit dem schwächeren Östradiol anstelle von EE, kombiniert mit Gestagen.

Die Anti-Baby-Pille verhindert den Eisprung und das Wachstum der Gebärmutterschleimhaut. Sie wirkt auch sehr effektiv bei den folgenden krankhaften Zuständen im Wechsel, bei denen es notwendig ist, die eigenen Hormone stark zu dämpfen: Endometriose (dies ist eine Krankheit, bei der die Gebärmutterschleimhaut außerhalb der Gebärmutter durch hormonelle Stimulation wächst), funktionelle Eierstockzysten, schmerzhafte und starke Menstruationen, aber auch prämenstruelle Spannungen, Hautprobleme wie Akne und Hirsutismus, und das polyzystische Ovarien-Syndrom (PCOS). Die Behandlung mit der kombinierten „Pille“ bietet einen sehr guten Schutz gegen Blutungen. Häufige Nebenwirkungen sind allerdings Stimmungsschwankungen und Niedergeschlagenheit, Angst- und Irritationszustände, verminderte sexuelle Lust, Brustspannen und Gewichtszunahme.

Bei allen Behandlungen mit Östrogentabletten muss das erhöhte Risiko einer Thrombose beachtet werden.

Es gibt die „Pille“, also das kombinierte Verhütungsmittel mit Gestagen und Östrogen, auch in anderer Form als zum Schlucken – nämlich als Vaginalring oder als Pflaster. Das Thromboserisiko gilt jedoch auch für diese Methode.

Gestagene als Monotherapie

Das bio-identische Progesteron unterdrückt den Eisprung nicht. Das ist einer der Gründe, warum das ursprüngliche Molekül Progesteron chemisch verändert wurde. Gestagene werden heute zur Hemmung des Eisprungs oder bei anderen gynäkologischen Behandlungen eingesetzt. Im Laufe der Jahrzehnte wurden viele verschiedene Gestagene mit unterschiedlichen Eigenschaften entwickelt. Als Monotherapie finden sie bei verschiedenen krankhaften Zuständen in der Gynäkologie – vor allem auch im Laufe der Wechseljahre – weit verbreitete Anwendung. Am häufigsten werden MPA (Medroxyprogesteronacetat), NETA (Norethisteron) und LG (Levonorgestrel), vor allem zur Behandlung von Menstruationsstörungen und krankhaften Blutungen, Endometriose und Zysten in den Eierstöcken verwendet. Gewisse Gestagene werden auch als sogenannte „Minipillen" oder in Form von intramuskulären Injektionen zur Schwangerschaftsverhütung oder zum Lindern krankhafter Zustände verabreicht. Einen jahrelang anhaltenden effektiven Schutz vor Schwangerschaften und Blutungen erzielt man bei Anwendung einer Hormonspirale mit dem Wirkstoff Levonorgestrel (LG).

Die meisten Frauen sind mit einer Hormonspirale sogar vollkommen blutungsfrei. Eine Stabilisierung des Blutungsverhaltens bei unregelmäßigen Menstruationsblutungen kann Ihr Arzt mit einer zyklischen Gestagenkur erreichen, bei der während der Lutealphase vom vermutlichen Eisprung bis zur Menstruation Gestagene eingenommen werden.

Viele Frauen leiden allerdings unter Nebenwirkungen einer Therapie mit Gestagenen. Diese können sich als Gewichtszunahme, Müdigkeit, Stimmungsschwankungen, Depressionen und Verlust von sexueller Lust äußern. Einige Frauen sind aus diesen Gründen dazu gezwungen, die Behandlung abzubrechen.

In mehreren Studien zeigte sich ein erhöhtes Brustkrebsrisiko nach längerer Behandlung mit Hormonen. Bei reiner Östrogen-Monotherapie trat dieses erhöhte Brustkrebsrisiko nicht auf (La Croix et al. 2011). Also hat man oft die Gestagene dafür verantwortlich gemacht. Aber bio-identisches Progesteron (Fournier et al. 2008) und Dydrogesteron (Lyytinen et al. 2009) erhöhen zumindest innerhalb der ersten fünf Behandlungsjahre das Brustkrebsrisiko nicht.

Gestagene werden in der pharmakologischen Behandlung von krankhaften Zuständen in den Wechseljahren wie Blutungsproblemen, Endometriose, funktionelle Zysten und zur Schwangerschaftsverhütung sehr erfolgreich eingesetzt. Seit vielen Jahrzehnten sind immer wieder neue synthetische Produkte erforscht worden. Richtig verwendet, sind sie ein notwendiges therapeutisches Mittel für jeden Gynäkologen.

3.3 Hormonelle Behandlung in der Menopause nach Krebserkrankung

Nach einer Brustkrebserkrankung kann generell keine hormonelle Behandlung gegen Wechselbeschwerden empfohlen werden. Obwohl die Behandlung von Brustkrebs heutzutage sehr effektiv ist und circa 90 % der

Patientinnen geheilt werden können, soll die Frau danach Östrogen vermeiden. Der Grund dafür ist die stimulierende Wirkung des Östrogens auf Brustkrebszellen. Inaktive oder ruhende Brustkrebszellen können durch Östrogen zu wachsen beginnen. Dies kann zu einem Wiederauftreten der Krankheit führen. Ehemalige Brustkrebspatientinnen müssen andere Wege zur Behandlung der typischen Wechselbeschwerden einschlagen. Gegen starke Wallungen und Schwitzen können Antidepressiva helfen. Auch Gabapentin – normalerweise zur Behandlung gegen Nervenschmerzen und Epilepsie eingesetzt – wird manchmal bei Wechselbeschwerden verwendet (Nelson et al. 2006).

Frauen mit Gebärmutterkrebs können nach erfolgreicher Krebsbehandlung oft wieder mit einer Hormontherapie beginnen. Natürlich müssen immer die Vorteile und Risiken einer solchen Behandlung abgewogen werden.

Eine milde lokale Hormonbehandlung gegen Scheidentrockenheit kann jedoch auch bei Brustkrebspatientinnen verschrieben werden (Lethaby 2016).

Bei aktuellem oder früher behandeltem Brustkrebs sind Östrogene und auch Progesteron kontraindiziert. Auch bei anderen Krankheiten wie Herzkreislauferkrankungen und Schlaganfall sowie Krebserkrankungen ist eine Hormonbehandlung gegen Wechselbeschwerden oft nur eingeschränkt möglich. Eine vaginale, schonende „lokale" Behandlung der Scheidentrockenheit kann aber in den meisten Fällen ohne Bedenken empfohlen werden.

3.4 Hormone für die Gesundheitserhaltung?

Eine Hormontherapie zu beginnen, nur um den Alterungsprozess aufzuhalten, ist nicht sinnvoll. Das natürliche Altern an sich kann nicht verhindert werden. Alle verschiedenen Lebensphasen haben ihren Reiz. Das reife Alter kann einen Reichtum an Erfahrungen, Weisheit und Wissen mit sich führen, besonders heutzutage, wenn viele Menschen ein hohes Alter erreichen können. Moderne Forschung zeigt aber sehr wohl, dass altersassoziierten Erkrankungen wie Osteoporose, Gelenksschmerzen, Herz-Kreislauf-Erkrankungen mit Hormonen vorgebeugt werden kann. Für die Frau gilt, die Therapie mit Hormonen so bald wie möglich im Anschluss an die Menopause zu starten. Einer Krankheit vorzubeugen ist immer besser, als sie behandeln zu müssen. Als Frau haben Sie hier eine Chance, ein gesundes Älterwerden aktiv mitgestalten zu können. Der Einfluss der Hormone sinkt, je länger mit dem Beginn der Hormonbehandlung nach der letzten Menstruation zugewartet wird (Rossouw et al. 2007). Mit diesem Thema beschäftigen wir uns ausführlich im Kap. 5.

3.5 Eine kurze Zusammenfassung

In diesem Kapitel wurde sowohl die Behandlung von typischen hormonbedingten Wechselbeschwerden, aber auch der therapeutische Einsatz von Hormonen bei speziellen gynäkologischen Erkrankungen während der Wechseljahre beschrieben. Das Behandlungsarsenal reicht von bioidentischen Hormonkombinationen und synthetisch veränderten Hormonen bis hin zu pflanzlichen Östrogen-ähnlichen Substanzen. Eine Kombinationstherapie von Östrogenen mit Gestagenen hat im Vergleich zur Kombination von Östrogen mit Progesteron den gleichen positiven Effekt auf die Wechselbeschwerden. Die Kombination von transdermalem Östradiol mit mikronisiertem Progesteron hat weniger Nebenwirkungen und Risiken und ist daher nach neuestem Stand der Forschung zu bevorzugen (Mueck 2017). Es ist aber immer wichtig, die Bedürfnisse der jeweiligen Patientin individuell zu beurteilen und danach zu handeln (Mueck und Römer 2018).

Literatur

Alexander JL et al (2006) Testosterone and libido in surgically and naturally menopausal women. Womens Health (Lond) 2(3):459–477. https://doi.org/10.2217/17455057.2.3.459

Avila M et al (2018) The role of sex hormones in multiple sclerosis. Eur Neurol 80:93–99. https://doi.org/10.1159/000494262

Baber R, et al, the IMS writing group (2016) 2016 IMS recommendations on women's midlife health and menopause hormone therapy. Climacteric 19(2): 109–150. https://doi.org/10.3109/13697137.2015.1129166

Bedell S et al (2014) The pros and cons of plant estrogens for menopause. J Steriod Biochem Mol Biol 139:225–236. https://doi.org/10.1016/j.jsbmb.2012.12.004

Fournier A et al (2008) Unequal risks for breast cancer associated with different hormone replacement therapies: results from the E3N cohort study. Breast Cancer Res Treat 107(1): 103–111s.32. https://doi.org/10.1007/s10549-007-9523-x

Genazzani A, Pluchino N (2010) DHEA therapy in postmenopausal women: the need to move forward beyond the lack of evidence. Climacteric 13(4): 314–316. https://doi.org/10.3109/13697137.2010.492496

Genazzani A, Pluchino N (2015) DHEA replacement for postmenopausal women: have we been looking in the right direction? Climacteric 18:669–671. https://doi.org/10.3109/13697137.2015.1042337

Goletiani NV et al (2007) Progesterone: review of safety for clinical studies. Exp Clin Psychopharmacol 15(5):427–444. https://doi.org/10.1037/1064-1297.15.5.427

Kuhl H (2005) Pharmacology of estrogens and progestogens: influence of different routes of administration. Climacteric 8(Suppl 1):3–63. https://doi.org/10.1080/13697130500148875

Labrie F (2015) All sex steroids are made intracellularly in peripheral tissues by the mechanisms of intracrinology after menopause. J Steroid Biochem Mol Biol 145:133–138. https://doi.org/10.1016/j.jsbmb.2014.06.001

Labrie F et al (2009) Effects of intravaginal DHEA(Prasterone) on libido and sexual dysfunction in postmenopausal women. Menopause 16(5):907–922. https://doi.org/10.1097/gme.0b013e31819e85c6

La Croix A et al (2011) Health outcomes after stopping conjugated equine estrogens among postmenopausal women with prior hysterectomy: a randomized controlled trial. JAMA 305(13):1305–1314. https://doi.org/10.1001/jama.2011.382

Lethaby A (2016) Local estrogen for vaginal atrophy in postmenopausal women. Cochrane Database Syst Rev. https://doi.org/10.1002/14651858.CD001500.pub3

Lokkegaard E (2018) Tibolone and risk of gynecological hormone sensitive cancer. Int J Cancer 142:2435–2440. https://doi.org/10.1002/ijc.31267

Lyytinen H et al (2009) Breast cancer risk in postmenopausal women using estradiol-progestogen therapy. Obst Gyn 113(1): 65–73. https://doi.org/10.1097/AOG.0b013e31818e8cd6

Mirkin S (2018) Evidence of the use of progesterone in menopausal hormone therapy. Climacteric 21(4): 346–354. https://doi.org/10.1080/13697137.2018.1455657

Mueck AO (2012) Postmenopausal hormone replacement therapy and cardiovascular disease: the value of transdermal estradiol and micronized progesterone. Climacteric 15(Suppl 1):11–17. https://doi.org/10.3109/13697137.2012.669624

Mueck AO (2015) Systematische Progesterontherapie-transdermal? Gynäkologische Endokrinologie 13:50–56. https://doi.org/10.1007/s10304-013-0571-5

Mueck AO (2017) Transdermales Östradiol und Progesteron. Gynäkologische Endokrinologie 2017(15):65–72. https://doi.org/10.1007/s10304.016-0109-8

Mueck AO, Römer T (2018) Choice of progestogen for endometrial protection in combination with transdermal estradiol in menopausal women. Hormone Mol Biol Clin Investig 2019:20180033. https://doi.org/10.1515/hmbci-2018-0033

NAMS Position Statement (2017) Menopause 24(7): 728–753. https://doi.org/10.1097/GME.0000000000000921

Nelson HD et al (2006) Nonhormonal therapies for menopausal hot flashes: systematic review and meta-analysis. JAMA 295(17):2057–2071. https://doi.org/10.1001/jama.295.17.2057

Quinkler M (2013) Nebenniereninsuffizienz-lebensbedrohliche Erkrankung mit vielfältigen Ursachen. Deutsches Ärzteblatt Int 110(51–52):882–888. https://doi.org/10.3238/arztebl.2013.0882

Römmler A (2014a) Hormone. Kapitel 2. Thieme, S 19–33

Römmler A (2014b) Hormone. Kapitel 7. Thieme, S 99–104

Rossouw J et al (2007) Postmenopausal hormone therapy and risk of cardiovascular disease by age and years since menopause. JAMA 297(13):1465–1477. https://doi.org/10.1001/jama.297.13.1465

Ruan X et al (2019) Benefit-risk profile of black cohosh with or without St John's wort in breast cancer patients. Climacteric 22(4):339–347. https://doi.org/10.1080/13697137.2018.1551346

Santen R et al (2015) Estrogen metabolites and breast cancer. Steriods 99(PtA):61–66. https://doi.org/10.1016/j.steroids.2014.08.003

Scarabin PY et al (2003) Differential association of oral and transdermal oestrogen-replacement therapy with venous thromboembolism risk. Lancet 362(9382):428–432. https://doi.org/10.1016/S0140-6736(03)14066-4

Schumacher M et al (2014) Revisiting the roles of Progesterone and Allopregnanolone in the nervous system. Prog Neurobiol 113:6–39. https://doi.org/10.1016/j.pneurobio.2013.09.004

Simon JA et al (2018) Sexual wellbeing after menopause: an International Menopause Society White Paper. Climacteric 21(5):415–427. https://doi.org/10.1080/13697137.2018.1482647

4

Aufstieg, Fall und Wiedergeburt der Hormontherapie für die Wechseljahre

Inhaltsverzeichnis

Das Thema Hormonersatz bei der Frau und die Frage nach seiner Berechtigung haben im Laufe der Jahrzehnte mehr Kontroversen ausgelöst als die meisten anderen Themenbereiche der Medizin. Zahlreiche wissenschaftliche Studien und populäre Bücher zeigen den Wandel der Einstellungen zu diesem Thema. Schauen wir uns diese Entwicklung von Anfang an etwas näher an…

H. Löfqvist, *Hormontherapie in den Wechseljahren*,
https://doi.org/10.1007/978-3-662-62710-5_4

4.1 Die große Begeisterung für die Hormontherapie bis 2002

Wie ich schon in Kap. 3 kurz erwähnt habe, hatte seit den 1960iger Jahren die Anti-Baby-Pille einen enormen Einfluss auf die Familienplanung und die sexuelle Freiheit der Frau. In den 1970iger Jahren wurde die Hormontherapie zur Anwendung auch nach den fertilen Jahren weiterentwickelt und nahm bald sehr an Beliebtheit zu. Eine der großen Pionierinnen in Schweden war damals die Gynäkologin Professor Miriam Furuhjelm. Sie behandelte viele Frauen im Wechsel mit Hormonen in meist hoher Dosis und bis ins hohe Alter. Es gab für sie eigentlich keine Altersgrenze für die Hormonbehandlung. Über das Altern schrieb sie Folgendes:

> „Einige Veränderungen im Körper werden direkt durch Hormonmangel hervorgerufen und können effizient durch Hormone behandelt werden. Andere Veränderungen entstehen durch eine Kombination von Alterung und Hormonmangel. Aber einen Großteil der körperlichen Veränderungen kann man allein auf das Alter zurückführen." (Furuhielm 1987, Übersetzung von mir)

Das klingt sehr vernünftig im Gegensatz zu den Aussagen des amerikanischen Arztes Dr. Robert Wilson. Er versuchte in seinem Buch „Feminine Forever" zu beweisen, dass Östrogen das Älterwerden der Frau verhindern könne (Wilson 1968). Sein Buch wurde ein richtiger „Hit" mit der Wunderdroge Östrogen und machte Dr. Wilson zum Helden. Nach seinem Konzept der Hormonbehandlung mit hohen Dosen von Östrogen, gewonnen von trächtigen Stuten, wurde eine Riesenindustrie gestartet. Die Arzneimittelfirmen waren natürlich sehr interessiert. Die Superfrau sollte ewig jung bleiben (Abb. 4.1). Viele Gegner einer Hormonbehandlung sahen darin allerdings eine Unterdrückung der Frau. Die hochdosierte Hormonbehandlung erlitt einen großen Rückschlag, als 2002 eine Bombe platzte: Es wurde öffentlich, dass ein Teil einer amerikanischen wissenschaftlichen Studie, der sogenannten Women's Health Initiative (WHI), auf die ich gleich zu sprechen komme, abgebrochen werden musste. Die Schlagzeile lautete: Östrogen verursacht Brustkrebs!

Abb. 4.1 Der Traum der ewigen Jugend:In den 60iger Jahren glaubte man, das Mittel gefunden zu haben. Kann Östrogen wirklich das Altern verhindern? (© sad/stock.adobe.com)

4.2 Das Dilemma der WHI -Studie

Ich möchte Ihnen vorerst ein wenig den Hintergrund dieser bisher größten amerikanischen wissenschaftlichen Gesundheitsstudie erläutern. Vor den Achtzigerjahren wurden in klinischen Studien vor allem Männer untersucht. Deshalb wollte man mit einer Studie beginnen, bei der die wichtigsten Gesundheitsaspekte der postmenopausalen Frau wie Herz-Kreislauf-Erkrankungen, Krebs und Osteoporose untersucht werden sollten. Sie bekam den Namen Women's Health Initiative und umfasste drei klinische Studien und eine Beobachtungsstudie. Mit enormen Summen von staatlichen Mitteln wurde diese Untersuchung gestartet, an der 160.000 postmenopausale Frauen im Alter von 50–79 Jahren teilnahmen. Aber 2002 beschloss man plötzlich, einen Teil dieser Studien 3 Jahre früher als geplant abzuschließen. Der Grund dafür war die Zunahme von Herz-Kreislauf-Erkrankungen in der mit Hormonen behandelten Gruppe im Vergleich zur Placebo-Gruppe. Die verwendeten Hormone waren in der Gruppe mit Frauen, die noch eine Gebärmutter hatten, konjugierte Stutenöstrogene (CEE) und MPA – ein Gestagen zum Schutz der Gebärmutterschleimhaut.

Bei Frauen denen die Gebärmutter schon früher entfernt worden war, gab man nur konjugierte Stutenöstrogene (CEE) ohne Gestagen. Es bestätigten sich außerdem die bereits bekannten Risiken hinsichtlich Thrombose (Rossouw et al. 2002). Auch das Risiko für Brustkrebs war in der Hormongruppe mit Gestagenen erhöht, aber nicht in der Gruppe mit nur Stutenöstrogenen. Bevor die Wissenschaftler genügend Zeit hatten, diese Resultate näher zu untersuchen, breitete sich durch die Presse die Botschaft wie ein Lauffeuer aus, dass Hormone Brustkrebs verursachen. Auf den Titelseiten der Zeitschriften war nur mehr Negatives über die früher so gepriesene Wunderdroge Östrogen zu lesen. Nun hieß es, Frauen seien schon jahrelang durch eine eigentlich nur gefährliche Hormonbehandlung betrogen worden. Über Nacht ging die Anwendung von Östrogenpräparaten in den meisten Ländern um mehr als 80 % zurück. In den Medien werden oft schlechte Nachrichten als Sensationen verkauft, gute hingegen stiefmütterlich behandelt. So wurde nur von den negativen Auswirkungen berichtet und die positiven Resultate in der WHI Studie, nämlich die durch Hormonbehandlung erzielte Reduktion des Risikos von Diabetes, Darmkrebs und Knochenfrakturen, wurden ignoriert. Vor allem wurde viel zu wenig beachtet, dass die untersuchten Frauen durchschnittlich 63 Jahre alt waren. Die meisten waren übergewichtig, einige waren Raucherinnen, aber vor allem hatten sie ihre Menopause schon mehr als 10 Jahre hinter sich. Das Ziel der Studie war ja nicht, Wechselbeschwerden zu untersuchen, sondern den eventuellen Vorteil einer Hormontherapie bei älteren Frauen. Normalerweise werden Frauen dieser Altersgruppe nicht mehr mit Hormonen behandelt.

Die amerikanische Frauengesundheitsinitiative (WHI)

Hintergrund:
Gestartet 1991 von der amerikanischen Gesundheitsbehörde
Circa 160.000 Studienteilnehmerinnen im Alter von 50–79 Jahren

Ziel der Studie:
Sollte die Gesundheitsaspekte postmenopausaler Frauen bezüglich Herz-Kreislauf-Erkrankungen, Krebs und Osteoporose untersuchen

Zusammensetzung:
Vier klinische Studien (Diät, Kalzium/Vitamin D, Hormone) und eine Observationsstudie

Erwartete Resultate bei Hormontherapie:
Reduktion von Herz-Kreislauferkrankungen, etwas erhöhtes Risiko für Brustkrebs

Tatsächliche Resultate bei Hormontherapie:
Keine Reduktion des Risikos für Herz-Kreislauf-Erkrankungen
Erhöhtes Risiko für Hirnschlag/Thrombose
Erhöhtes Risiko für Brustkrebs bei der mit Östrogenen und Gestagenen behandelten Gruppe
Erniedrigtes Risiko für Brustkrebs bei Behandlung mit Östrogenen allein

Alter und BMI der Studienteilnehmerinnen:
Durchschnittsalter 63 Jahre, Durchschnitts-BMI 28
Ein Drittel der Teilnehmerinnen hatten starke Fettleibigkeit mit BMI über 30

Nicht erfasst:
Die Linderung von Wechselbeschwerden im Rahmen der Perimenopause/Menopause

Viel später wurden die Resultate der WHI-Studie neu revidiert und ausgewertet (Manson et al. 2017). Diese neuen Untersuchungen zeigen unterschiedliche Resultate bei einem Therapiebeginn direkt nach der Menopause bzw. 10 Jahre nach der Menopause (Manson und Kaunitz 2016). In der jüngeren Untersuchungsgruppe, d. h. bei Therapiebeginn im direkten Anschluss an die Menopause waren bei den hormonbehandelten Frauen die Todesfälle um 30 % im Vergleich zu den nicht behandelten reduziert. Auch wurde eindeutig eine Reduktion von Herz-Kreislauf-Erkrankungen gezeigt (Boardman et al. 2015).

Wie Sie sehen, sollte mit einer Hormontherapie von Wechselbeschwerden direkt im Anschluss an die Menopause begonnen werden um die oben besprochenen vorbeugenden Effekte gewinnbringend nutzen zu können. Aber zur Zeit des WHI-Schocks 2002 konnte man solche Schlüsse noch nicht ziehen.

4.3 Proteste gegen die Hormontherapie

Die meisten Ärzte und Wissenschaftler wagten es nach dem WHI-Schock nicht mehr, die Hormontherapie zu verteidigen. Viele von ihnen waren jetzt plötzlich gegen die Hormontherapie, obwohl sie sich früher dafür eingesetzt hatten. Einige verbreiteten sogar die Idee, die Hormontherapie sei ein jahrzehntelanges Experiment an Frauen gewesen, das mit der Veröffentlichung der WHI-Studie zu beenden sei. So wurde das Vertrauen zu Ärzten untergraben. Hatten die Ärzte wirklich falsch behandelt? War die fast fünfzig Jahre dauernde Forschung vor der WHI-Studie in die Irre gegangen?

4.4 Bioidentical hormone replacement therapy (BHRT)

Nach dem WHI-Dilemma 2002 gewann in den USA eine neue Form der Hormontherapie, nämlich die Behandlung mit bio-identischen Hormonen, zusehends an Popularität. Wie ich schon früher erwähnt habe, bedeutet die Bezeichnung "bio-identisch" nur, dass die Struktur des Moleküls, mit dem behandelt wird, genau der des körpereigenen Moleküls entspricht. Es wurde angenommen, dass bio-identische Hormone weniger Nebenwirkungen haben als chemisch veränderte oder modifizierte Hormone. Der Pionier für diese Ideen war der amerikanische Arzt Dr. John Lee (1996). Er starb schon im Jahre 2003. Seine Bücher über Behandlung mit bio-identischen Hormonen haben jedoch immer noch einen großen Einfluss auf viele Frauen. Die Progesteroncreme, die Dr. Lee empfahl, wird immer noch über das Internet verkauft. Es gibt jedoch bis heute keinen wissenschaftlichen Beweis dafür, dass diese auf die Haut aufgetragene Progesteroncreme bei gleichzeitiger Behandlung mit Östrogen einen ausreichenden Schutz für die Gebärmutterschleimhaut bieten kann. Dr. Lee propagierte die Verwendung von bio-identischem Östradiol statt der üblichen konjugierten Stutenöstrogene, die in den USA auch in der WHI-Studie verwendet wurden. Dr. Lee war gegen Gestagene und setzte sich für bio-identisches Progesteron ein. Die Dosierung bei seinen Behandlungen basierte hauptsächlich auf Speichelproben. Seine Therapievorschläge waren nicht wissenschaftlich untermauert, sondern beruhten nur auf persönlicher Beobachtung, eigener klinischer Erfahrung und Intuition.

Der amerikanische Arzt Dr. Jonathan V. Wright hatte schon in den Achtzigerjahren ähnliche Ideen (Wright und Lenard 2011). Von ihm stammt der Begriff BHT (= bioidentical hormone therapy). Seine Idee war, die Hormonspiegel der Frau allmählich auszugleichen, wenn die eigene Hormonproduktion in den Eierstöcken zu sinken beginnt. Diese „Anti-aging" Methode beinhaltet eine Mischung aus verschiedenen Hormonen (Östron, Östradiol und Östriol, Progesteron, Testosteron und DHEA).

Laut Dr. Wright soll diese Methode die normale Funktion der Eierstöcke imitieren, ohne Blutungen oder den Eisprung hervorzurufen. Zur Erhöhung der sexuellen Lust empfahl Dr. Wright Testosteron oder DHEA. Die individuelle Hormondosis sollte nach einer Untersuchung der Hormone im 24-h-Urin bestimmt werden. Die Frau bekam von ihrem Arzt ein Rezept für eine speziell an ihren Bedarf angepasste Mischung von Hormonen, die in der Apotheke für sie zusammengestellt wurde. Dr. Lee und Dr. Wright verschrieben hauptsächlich transdermale Hormonpräparate (durch die Haut). Diese persönliche Behandlung mit individueller Rezeptverschreibung von bioidentischen Hormonen verbreitete sich in den USA nach den enttäuschenden Ergebnissen der WHI Studie sehr rasch. In der äußerst populären Oprah-Winfrey-Show im amerikanischen Fernsehen trat die bekannte Schauspielerin Suzanne Somers ins Rampenlicht und erzählte begeistert von ihrer Behandlung mit bio-identischen Hormonen (Somers 2006). Über das Fernsehen und soziale Medien wurde die Behandlung mit bio-identischen Hormonen als die beste und darüber hinaus risikofreie Methode einer Hormontherapie gepriesen und verbreitet. Dieses Konzept einer individualisierten Hormontherapie wirkt auf den ersten Blick äußerst attraktiv. Sind doch Begriffe wie „Precision Medicine“ oder „Personalized Medicine“ sehr populär. Bei genauerem Hinsehen hat diese Form der Hormontherapie aber sehr ernstzunehmende Tücken.

4.5 Die Probleme der BHRT

Für einige der von Dr. Wright verwendeten transdermalen Hormone existieren keine wissenschaftlichen Beweise, dass ihre Anwendung vorteilhaft für die Gesundheit ist. Ein besonderes Problem besteht darin, dass bei der Verabreichung von Progesteron als Hautcreme bei gleichzeitiger Östrogentherapie die Gebärmutterschleimhaut nicht ausreichend geschützt wird (Mirkin 2018). Problematisch ist auch die Verwendung von „compounded drugs“, also in Apotheken nach Angaben des Arztes hergestellten Mischpräparaten. Im Unterschied zu geprüften und von der Behörde zugelassenen Handelspräparaten haften im Fall der individuellen Mischungen nur Arzt und Apotheker. Es gibt auch keine Gebrauchsinformationen („Beipackzettel“) für die Anwenderin.

Die häufigen und aufwendigen Speichel-, Blut- und Harnkontrollen sind darüber hinaus für die Patientin nicht gerade kostengünstig und von wissenschaftlich zweifelhafter Aussagekraft.

Von vielen Wissenschaftlern und Institutionen kamen daher Warnsignale, dass diese neue Hormonbehandlung mit individuellen Hormonmischungen eine Gefahr für die Gesundheit von Frauen mit sich bringen könnte. Aber die Verbreitung von BHRT nahm in den USA trotzdem erheblich zu. Die amerikanische Gesundheitsbehörde FDA hat BHRT in der beschriebenen Form nicht zugelassen.

Auch die Weltorganisation IMS (International Menopause Society) distanziert sich deshalb von der Methode der individuellen Verschreibung von bio-identischen Hormonen und empfiehlt die standardisierte Behandlung. Informieren Sie sich gerne weiter über die Behandlung mit bio-identischen Hormonen bei Cirigliano (Cirigliano 2007).

4.6 Entwicklung und Anwendung von bio-identischen Hormonen in Europa

In Europa gibt es verschiedene Therapietraditionen. In Frankreich gelang es der Forschung schon in den Achtzigerjahren, gut resorbierbare Progesteronkapseln für die orale Verabreichung herzustellen. Progesteron wurde „mikronisiert" und in einer Kapsel verpackt, um die Resorption des Moleküls im Magen-Darmkanal zu verbessern. Diese Methode habe ich schon im Kap. 3 beschrieben. In anderen Ländern hat man sich auf die chemische Veränderung des ursprünglichen Moleküls Progesteron in ähnliche Verbindungen mit neuartigen nützlichen Eigenschaften konzentriert. Der große Markt der Gestagene basiert auf jahrzehntelanger Forschung.

Im Jahr 2005 wurde die sogenannte E3N Studie mit mehr als 80.000 französischen Frauen als Teilnehmerinnen veröffentlicht (Fournier et al. 2008). Die Resultate und die Folgestudie 3 Jahre danach zeigten, dass bei fünf Jahre dauernder Behandlung mit mikronisiertem Progesteron oder mit Dydrogesteron, einem dem Progesteron sehr ähnlichen Gestagen, keine oder nur eine unbedeutende Erhöhung des Brustkrebsrisikos gefunden werden konnte, im Vergleich zum etwas erhöhten Risiko durch andere Gestagene. Nach diesen fünf Jahren stieg das Risiko auch in den früher risikofreien Gruppen geringfügig an, jedoch deutlich weniger als in der Gruppe mit anderen Gestagenen. Heute herrscht die allgemein akzeptierte Auffassung, dass mikronisiertes Progesteron und Dydrogesteron das Brustkrebsrisiko im Vergleich zu anderen Gestagenen zumindest in den ersten fünf Behandlungsjahren nicht wesentlich erhöhen. Die bio-identischen

Hormone Östradiol und mikronisiertes Progesteron werden heutzutage in vielen europäischen Ländern und auch weltweit zunehmend verwendet und dominieren den Markt.

Für die Therapie können in fast allen Fällen registrierte Handelspräparate verwendet werden. Sie enthalten genaue Beschreibungen der aktiven Substanz und ihrer Wirkung im Körper. Die Arzneimittelfirmen und die Behörden (in den USA FDA und in Europa EMA) garantieren Ihnen eine kontrollierte Behandlung (Baber et al. 2016). Bei Unverträglichkeiten eines Hilfsstoffes kann in Einzelfällen ein individuelles Rezept ausgestellt werden. Dieses unterscheidet sich aber im Wirkstoff nicht von den Standardpräparaten.

4.7 Funktionelle Medizin als Lösungsmodell für hormonelles Ungleichgewicht

Funktionelle Medizin ist ursprünglich eine alternative amerikanische Gesundheitsbewegung, die sich großer Popularität erfreut. Sie setzt auf Selbstheilung und Korrektur von Mängeln an Mikronährstoffen und Botenstoffen, die über das Labor und über klinische Untersuchungen festgestellt worden sind, und befürwortet die Behandlung mit bio-identischen Hormonen. Der Zulauf zu derartigen alternativen Bewegungen ist verständlich, wenn man die Folgen des WHI Schocks bedenkt. Angesichts der großen Nachfrage sollte aber auch das öffentliche Gesundheitssystem entsprechende Hilfen anbieten!

4.8 Die Wiedergeburt der Hormontherapie

Nach dem Fiasko mit der Fehlinterpretation der WHI-Studie 2002 sind deren Resultate genauestens revidiert worden. Es steht fest: Die aus der Studie gezogenen negativen Schlüsse („Östrogen verursacht Brustkrebs!") sind das Resultat eines ungeeigneten Studiendesigns. Die Studie wollte beweisen, dass Hormontherapie auch in höherem Alter vor allem Herz-Kreislauf-Erkrankungen vorbeugt. Der große Fehler dabei war, dass die untersuchten Frauen zu Beginn der Hormontherapie im Durchschnitt zu alt waren (63 Jahre) und die Menopause schon mehr als 10 Jahre hinter sich hatten, zum Großteil übergewichtig waren und auch bereits andere

Alterserkrankungen hatten. Normalerweise würde kein Arzt auf die Idee kommen, Frauen mit diesen Voraussetzungen überhaupt mit Hormonen zu behandeln! Bei Frauen direkt im Anschluss an die Menopause ergab die gleiche Behandlung hingegen völlig andere Resultate – wie schon in Abschn. 4.2 erwähnt. Das Risiko, an einem Herzinfarkt zu sterben, reduzierte sich auf 50 %, wenn die Behandlung so bald wie möglich, aber jedenfalls innerhalb von 10 Jahren nach der Menopause, begonnen wurde (Boardman et al. 2015). In diesem sogenannten therapeutischen Fenster ist Hormontherapie die effektivste Behandlung gegen Wechselbeschwerden. Das beschreibe ich ausführlich im Kap. 5.

4.9 Eine kurze Zusammenfassung

Wie Sie sehen, hat die Diskussion über die Behandlung mit Hormonen die Emotionen ständig aufgeheizt und tut dies auch heute noch. Es ist immer suspekt, wenn Ihnen jemand ewige Jugend verspricht. Sie müssen skeptisch bleiben! Andererseits ist die Behandlung mit Sexualhormonen aus der heutigen Zeit nicht mehr wegzudenken. Bei richtiger Anwendung bringt sie der Frau in allen Altersstadien viele Vorteile. Von der Anti-Baby-Pille bis hin zur Therapie von Hormonmangelerscheinungen nach der Menopause hat die Hormontherapie heute einen wichtigen Platz im Behandlungsarsenal jedes Frauenarztes. Die Hormontherapie in den Wechseljahren hat auch viele positive Aspekte für die weitere Gesundheit der Frau. Aber Folgendes haben wir aus der Forschung der letzten Jahrzehnte gelernt: Das Wichtigste ist es, rechtzeitig mit der Hormontherapie zu starten, sobald Ihre eigenen Hormone abzusinken beginnen. Es ist zu spät, vorzubeugen, wenn schon degenerative Veränderungen des Körpers manifest sind. Sie können natürlich diese Beschwerden wie Gelenksschmerzen, Osteoporose, Herz-Kreislauf-Erkrankungen jederzeit symptomatisch behandeln. Aber für die vorbeugende Wirkung einer Hormontherapie gibt es ein therapeutisches Fenster von höchstens 10 Jahren nach der Menopause. Dies wurde in der älteren Hormonforschung nicht berücksichtigt. Deshalb wird immer noch darüber diskutiert, wie gefährlich Hormone sind, anstatt ihre positiven Aspekte zu sehen.

Literatur

Baber R et al (2016) the IMS writing group (2016) IMS recommendations on women's midlife and menopause hormone therapy. Climacteric 19(2):109–150. https://doi.org/10.3109/13697137.2015.1129166

Boardman H et al (2015) Hormone therapy for preventing cardiovascular disease in postmenopausal women. Cochrane Database Syst Rev, BMJ 2015. https://doi.org/10.1002/14651858.CD002229.pub.4

Cirigliano M (2007) Bioidentical hormone therapy: a review of the evidence. J Womens Health (Larchmt) 16(5):600–631. https://doi.org/10.1089/jwh.2006.0311

Fournier A et al (2005) Breast cancer risk in relation to different types of hormone replacement therapy in the E3N-EPIC cohort. Int J Cancer 114:448–454. https://doi.org/10.1002/ijc.20710

Fournier A et al (2008) Unequal risks for breast cancer associated with different hormone replacement therapies: results from the E3N cohort study. Breast Cancer Res Treat 107:103–111. https://doi.org/10.1007/s10549-007-9523-x

Furuhielm M (1987) Äntligen fri. Trevi

Lee J (1996) What your doctor may not tell you about menopause. Wellness Central 1996

Manson JE et al (2017) Menopause hormone therapy and long-term all-cause and cause-specific mortality. JAMA 318(10):927–938. https://doi.org/10.1001/jama.2017.11217

Manson JE, Kaunitz A (2016) Menopause management-getting clinical care back on track. N Eng J Med 374(9): 803–806. https://doi.org/10.1056/NEJMp1514242

Mirkin S (2018) Evidence on the use of progesterone in menopausal hormone therapy. Climacteric 21(4):346–354. https://doi.org/10.1080/13697137.2018.1455657

Rossouw JE, et al (2002) Risks and benefits of estrogen plus progestin in healthy postmenopausal women: principal results from the Women's Health Initiative randomized controlled trial. JAMA 288(3): 321–33. https://doi.org/10.1001/jama.288.3.321

Somers S (2006) Ageless. Three Rivers Press

Wilson R (1968) Feminine Forever. M. Evans and Company Inc

Wright J, Lenard L (2011) Bioidentische Hormone. VAK

5 Das therapeutische Fenster

Inhaltsverzeichnis

5.1 Hormontherapie für die Gesundheit?

Das Absinken der Geschlechtshormone im Wechsel ist ein natürlicher Vorgang im Leben einer Frau. Die moderne Forschung zeigt, dass der Ersatz fehlender Hormone in den Wechseljahren helfen kann, chronischen und altersbedingten Gesundheitsproblemen vorzubeugen oder sie zumindest ins höhere Alter zu verschieben. Es handelt sich dabei vor allem um Herz-Kreislauf-Erkrankungen, Osteoporose sowie Muskel- und Gelenksprobleme. Die Hormontherapie wird Ihnen besonders empfohlen, wenn es in Ihrer Familiengeschichte eine Häufung dieser Krankheiten gibt.

Untersuchen wir nun, wann eine Hormontherapie außer der Verbesserung Ihrer Lebensqualität bei Wechselbeschwerden weitere Gesundheitsvorteile für Sie bringen kann.

H. Löfqvist, *Hormontherapie in den Wechseljahren*,
https://doi.org/10.1007/978-3-662-62710-5_5

5.2 Vorbeugen durch Hormone gegen chronische altersbedingte Krankheiten im therapeutischen Zeitfenster

Herz-Kreislauf-Erkrankungen

Herz-Kreislauf-Erkrankungen sind heute die häufigste Todesursache von Frauen in der industrialisierten Welt. In Europa waren 52 % der Todesfälle bei Frauen darauf zurückzuführen. Brustkrebs war bei nur 3 % der Frauen die Todesursache (Nichols et al. 2014).

Zwei Wissenschaftler, Professor H. Hodis und Professor W. Mack, prägten in einer Publikation 2011 den Ausdruck „The window of opportunity" (Abb. 5.1). Ihre Zusammenschau von 40 wissenschaftlichen Beobachtungsstudien zeigte,

Abb. 5.1 Sie haben als Frau eine große Chance, mithilfe einer Hormontherapie in den Wechseljahren altersbedingten chronischen Beschwerden vorbeugen und sie hinauszögern zu können. Dabei müssen Sie allerdings das Zeitfenster für den Beginn dieser Therapie beachten. Der Begriff „Window of Opportunity" oder das „therapeutische Fenster" bedeutet, dass Ihnen in der Zeit direkt im Anschluss an die Menopause bis zum 60. Lebensjahr eine Hormontherapie viele Vorteile für Ihre Gesundheit und Ihr Leben bringen kann

dass Todesfälle wegen Herz-Kreislauf-Erkrankungen weniger oft vorkamen, wenn die Behandlung mit Hormonen bei Frauen direkt nach der Menopause begonnen wurde, aber nicht später als nach dem Erreichen des 60. Lebensjahres oder 10 Jahre nach der letzten Regelblutung (Hodis und Mack 2011).

In diesem Zeitrahmen sind die Blutgefäße normalerweise noch nicht arteriosklerotisch. Deshalb können Hormone noch vorbeugend gegen Gefäßverkalkungen wirken. In einer großen Datenübersicht wurde eine Reduzierung der Anzahl von Todesfällen auf 30–40 % in der mit Hormonen behandelten Gruppe von Frauen unter 60 Jahren im Vergleich mit unbehandelten Frauen der gleichen Altersgruppe gezeigt (Boardman et al. 2015). Das gleiche Resultat ergab auch die differenzierte Auswertung der WHI-Studie für diese Altersgruppe. Im Vergleich mit Placebo-Gruppen fand man auch ein geringeres Vorkommen von Diabetes (Margolis et al. 2004) und Darmkrebs sowie eine 30 %ige Reduktion des Herzinfarktrisikos (Manson et al. 2017).

Auch andere Studien, wie z. B. eine dänische Studie (Schierbeck et al. 2012), bestätigen diese positiven Resultate. Sie zeigen den vorbeugenden Effekt von Hormonen auf Blutgefäße gegen Schäden durch Gefäßverkalkung, wenn die Hormontherapie früh eingesetzt wurde (Miller et al. 2019; Hodis et al. 2016). In zwei dieser Studien wurde mikronisiertes Progesteron statt Gestagen verwendet. Weitere Studien zeigten eine Erhöhung des Sterberisikos beim plötzlichen Absetzen einer Hormontherapie (Mikkola et al. 2015; Venetkoski et al. 2017).

Nach den ursprünglich enttäuschenden Resultaten der Hormonbehandlung für Herz und Kreislauf in der WHI-Studie 2002 haben sich Kardiologen mehr darauf konzentriert, auf die vorbeugende Wirkung von körperlicher Bewegung zu setzen. Aber als sie die Blutgefäße von Frauen mit oder ohne Hormontherapie in der gleichen Altersgruppe untersuchten, sahen sie den Unterschied: Bewegung allein bringt keinen ausreichenden vorbeugenden Schutz. Die Konsequenz daraus lautet: Sie brauchen auch Östrogen, um Ihre Blutgefäße vor chronischen Verkalkungen zu schützen. Östrogen ist eine Voraussetzung dafür, dass Ihre gesunden Blutgefäße unbeschädigt bleiben (Moreau et al. 2013).

Es ist entscheidend, die Therapie mit Hormonen so bald wie möglich nach der Menopause zu beginnen, um Ihre Blutgefäße und Ihr Herz zu schützen. Das therapeutische Fenster, „The window of opportunity", ist offen im Anschluss an die Menopause, zumindest bis zum Alter von 60 Jahren oder in einer Zeitspanne von 10 Jahren nach dem Aufhören der Regel.

Aber es sind nicht nur die Blutgefäße. Hormone haben auch einen vorbeugenden Effekt auf das Skelett und die Gelenke. Betrachten wir dies näher.

Osteoporose

Osteoporose bedeutet Knochenschwund. Sie ist eine Krankheit, bei der die Auflösung des Knochengewebes schneller vor sich geht als der Knochenaufbau. Dadurch wird das Knochengewebe vor allem in der Wirbelsäule, den Hüften und den Handgelenken porös und zerbrechlich. Erbliche Faktoren, Lebensstil und viele verschiedene Erkrankungen können Osteoporose fördern. Das Absinken der Geschlechtshormone nach der Menopause hat einen starken Einfluss auf die Entwicklung einer Osteoporose. Frauen mit bereits manifester Osteoporose im Alter von 50 bis 60 Jahren oder innerhalb von 10 Jahren nach der Menopause wird in erster Linie eine Hormontherapie empfohlen (De Villiers und Stevenson 2012). Solange die Hormontherapie fortgesetzt wird, kann das Risiko einer Knochenfraktur um 50 % vermindert werden (Zhu et al. 2016).

Beschwerden des Bewegungsapparates

Muskel- und Gelenksschmerzen sind ein weit verbreitetes Leiden und beginnen oft im Zusammenhang mit der Menopause. Frauen mit asiatischer Herkunft sind scheinbar häufiger für dieses Leiden disponiert und erwähnen Gelenksschmerzen als das größte Problem in den Wechseljahren (Haines et al. 2005). Frauen nach der Menopause entwickeln häufiger Muskel- und Gelenksschmerzen als Männer. Bei Frauen kann man auch einen deutlichen Unterschied in der Häufigkeit dieser Beschwerden in der Zeit vor und nach der Menopause feststellen. Eine Arthrose bringt Schmerzen und geringere Beweglichkeit mit negativen Konsequenzen für die Gesundheit mit sich. In vergleichenden Studien sieht man deutlich, dass Frauen mit Hormontherapie nicht so häufig Hüft- und Knieersatzoperationen benötigen wie Frauen ohne Hormontherapie (Cirillo et al. 2006). In der WHI-Studie zeigt man bei hormonbehandelten Frauen eine 45-%ige Reduktion des Bedarfs einer Hüft-Totalendoprothese. Dieser Umstand lässt auf eine geringere Degeneration und Entzündung in den Gelenken der mit Hormonen behandelten Frauen schließen.

Eine Hormontherapie unterstützt Sie dabei, Ihren Bewegungsapparat funktionsfähig zu halten und einer Osteoporose vorzubeugen. Selbstverständlich genügen Hormone allein nicht, Gelenks- und Muskelbeschwerden zu verhindern, sie tragen jedoch zu einer sichtbaren Verbesserung Ihres Knochen- und Muskelgewebes bei.

5.3 Wie können wir selbst chronischen Krankheiten vorbeugen?

Lebensstil

Nicht übertragbare Krankheiten (NCD = Non Communicable Diseases) sind eine Gruppe von Krankheiten wie Diabetes, Krebs, Herz-Kreislauf-Erkrankungen, chronische Atemwegserkrankungen und psychische Störungen, die für 70–80 % aller Todesfälle in der Welt verantwortlich sind. Herz-Kreislauf-Erkrankungen kommen an erster Stelle der Todesursachen, gefolgt von Krebs, Atemwegserkrankungen, Diabetes Typ 2 und psychischen Erkrankungen. Durch ungesunden Lebensstil mit Rauchen, Alkoholmissbrauch, zu wenig Bewegung und ungesunder Ernährung erhöht sich das Risiko von NCD und frühem Tod (https://www.who.int/health-topics/noncommunicable-diseases#tab=tab_1).

Die Todesursachen bei europäischen Frauen sind in erster Linie Herz-Kreislauf-Erkrankungen (52 %), Krebs (18 % der Todesfälle, davon ein Sechstel Brustkrebs), Lungenerkrankungen (5 %) und sonstige Ursachen. Brustkrebs verursacht also 3 % der gesamten Todesfälle bei Frauen (Abb. 5.2).

Körper- und Gehirngymnastik

Wie viel Bewegung brauchen Sie täglich, um einen messbaren Gesundheitsgewinn zu erzielen? Dies ist natürlich von Mensch zu Mensch verschieden, aber die „American Heart Association" gibt uns dafür Mindest-Richtlinien: Entweder Körperbewegung mit mäßiger Intensität 150 min pro Woche (30 min täglich fünfmal pro Woche) (Abb. 5.3), oder intensives Training 75 min pro Woche (25 min dreimal pro Woche); zusätzlich noch mindestens zweimal pro Woche mäßiges bis intensives Krafttraining (Piepoli et al2016; Winzer et al. 2018).

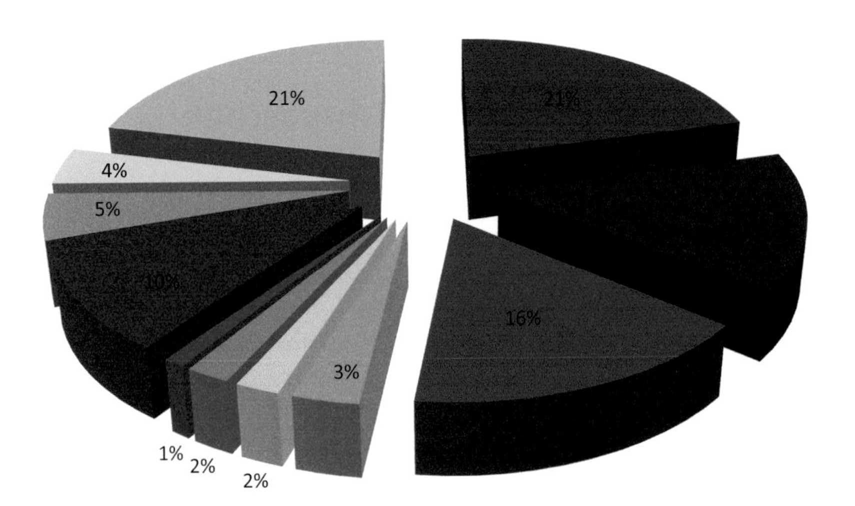

Abb. 5.2 Die traurige Bilanz der Ursachen von Todesfällen bei Frauen zeigt, wie sehr Herz-Kreislauferkrankungen überwiegen (52 %). Krebs verursacht insgesamt 18 %, Brustkrebs 3 % der Todesfälle. (Modifiziert nach: Statistik der Europäischen Gesellschaft für Kardiologie, Nichols 2014)

Abb. 5.3 Gesunde Bewegung trägt zu Ihrer Gesundheit in höchstem Maße bei! Beachten Sie jedoch, welche Sportart für Sie geeignet ist. Der Sport soll Vergnügen bereiten. Hauptsache, Sie bewegen sich! (© Jenny Sturm/stock.adobe.com)

Gesundheit durch Bewegung

Empfehlungen der amerikanischen Gesellschaft für Kardiologie

Vorbeugung von Herz-Kreislauf-Erkrankungen:

Alternative 1

>30 min mäßige aerobe Bewegung (Spazieren, Wandern)
zumindest 5 Tage pro Woche (Summe 150 min/Woche)

oder

Alternative 2

>25 min intensive Bewegung (zum Beispiel Laufen)
zumindest 3 Tage pro Woche (Summe 75 min/Woche)

zusätzlich:

mäßiges bis intensives Krafttraining der Muskeln
zumindest 2 Tage pro Woche

Um den Blutdruck zu erniedrigen und die Blutfette zu senken:
im Durchschnitt 40 min mäßige bis intensive Bewegung
3–4 Tage pro Woche
(https://www.heart.org/en/healthy-living/fitness/fitness-basics/aha-recs-for-physical-activity-in-adults)

Es ist auch wichtig, Ihr Gehirn in Schwung zu halten. Vielleicht werden Sie eine passionierte Schachspielerin oder eine Liebhaberin von Sudokus und Kreuzworträtseln. Problemlösen hält das Gehirn in Schwung! Suchen Sie die Herausforderung, zum Beispiel das Erlernen einer neuen Sprache. Vielleicht wollen Sie ein Musikinstrument spielen. Musik kann Ihnen eine neue Dimension eröffnen, auch beim aktiven Zuhören. Vergessen Sie nicht auf Ihre sozialen Kontakte mit Freunden und Verwandten in verschiedenen Altersgruppen. Sie können auch von Ihren Enkelkindern lernen!

Gesunde Ernährung

Eine gesunde Ernährung mit ausgewogener Zufuhr von Fett, Eiweiß, Kohlehydraten und Mikronährstoffen leistet einen wesentlichen Beitrag zu einem gesunden Leben. Sie sollten den unnötigen Konsum von raffiniertem Zucker und Fertigprodukten vermeiden. Es ist auch wichtig, nicht zu viel zu essen. Dies klingt so einfach, ist aber so schwierig! Sie werden Millionen von Diätratschlägen finden, die für ein gesundes Leben plädieren. Es ist jedoch schwierig, dabei die beste Variante zu wählen, weil wir Menschen sehr individuelle Bedürfnisse haben. Die Mittelmeerdiät wird am häufigsten empfohlen (Abb. 5.4). In den letzten Jahren ist die Methode der Kalorienrestriktion mit dem sogenannten „Dinner-Cancelling" modern geworden.

Abb. 5.4 Gesunde Ernährung ist immer empfehlenswert. Die Mittelmeer-Diät ist eine ausgewogene Mischkost mit Schwerpunkt auf Gemüse, Salat, Obst, Fisch, wenig rotem Fleisch aber reichlich Olivenöl. Zahlreiche Studien haben gesundheitsfördernde Wirkungen dieser Ernährungsweise beschrieben. (© aamulya/stock.adobe.com)

Eine Kalorienreduktion erreichen Sie ebenfalls, wenn Sie aufhören zu essen, wenn es am besten schmeckt und bevor Sie satt sind („Hara hachi bu" auf Japanisch). Dies ist ein Weg, den uns die ältesten Menschen der Welt auf der Insel Okinawa in Japan vorleben. Damit können einige Menschen über 100 Jahre alt werden (Willcox et al. 2006). Vielleicht auch Sie?

Schließlich möchte ich Sie bitten: Schauen Sie auf Ihren Alkoholkonsum. Es ist so leicht, vom Alkohol abhängig zu werden. Alkoholmissbrauch führt nicht nur zu Gesundheitsproblemen, er isoliert auch und bringt viele soziale Probleme mit Ihrer Familie und Ihrem Freundeskreis mit sich. Alkohol enthält auch viele Kalorien und trägt zu Übergewicht bei.

Das seelische Gleichgewicht

Ich finde selbst, dies ist das Wichtigste im Leben! Lebensharmonie schützt Sie vor Stress in jedem Alter. Wie Sie dieses Gefühl des inneren Gleichgewichts erreichen, ist sehr unterschiedlich. Sie finden es im

Beisammensein mit Ihren geliebten Mitmenschen oder auch allein. Stellen Sie sich vor, auf der Spitze eines Berges zu stehen oder den Sonnenaufgang zu betrachten. Schließen Sie die Augen und hören Sie wunderschöne Musik. Das sind Augenblicke, in denen Sie Ihre eigenen Sorgen vergessen. Nichts kann Sie betrüben. Sie fühlen sich wie über den Wolken (Abb. 5.5) und erleben in sich selbst ein Gefühl der Bewunderung für alles, was größer und wichtiger ist als Sie selbst. Voll Ehrfurcht fühlen Sie sich als einen Teil dieser Harmonie. Das ist das wichtigste entzündungshemmende Gefühl (Stellar et al. 2015). Die Erlebnisse von Stolz, Liebe, Freude, Genugtuung, Begeisterung, Unterhaltung und Ehrfurcht zeigten in der Forschung alle eine Minderung der Entzündungsmarker (Interleukin-6), aber das Gefühl der Ehrfurcht hatte eindeutig den stärksten entzündungshemmenden Einfluss.

Was auch immer Sie zu diesem Gefühl von Ehrfurcht führt, suchen Sie es oft damit Ihr Körper und Ihre Seele lange gesund bleiben!

Körper- und Gehirngymnastik wie auch gesunde Ernährung und das Meiden von Alkohol, Tabak und anderen Drogen halten Ihren Körper und Geist jung. Sie können damit aktiv dazu beitragen, sich vor chronischen Krankheiten wie Diabetes, Krebs, Herz-Kreislauf-Erkrankungen, chronischen Atemwegserkrankungen und psychischen Störungen, die zusammen für 70–80 % aller Todesfälle in der Welt verantwortlich sind, so gut wie möglich zu schützen. Das Wichtigste ist jedoch, das seelische Gleichgewicht zu halten, um Lebensharmonie erzielen zu können.

Abb. 5.5 Ehrfurcht ist das Gefühl des Staunens über und der Hochachtung vor etwas Größerem und Mächtigerem als Sie selbst. Ehrfurcht führt zu einem Gefühl von Geborgenheit in einer Einheit mit diesem Größeren, zum Erleben von seelischem Gleichgewicht und Harmonie. (© by-studio/stock.adobe.com)

5.4 Was tue ich, wenn ich das therapeutische Fenster verpasst habe?

Wie ich schon früher gezeigt habe, haben Sie fantastische Möglichkeiten, mit einer ausgewogenen Hormontherapie Ihre Blutgefäße, Knochen, Gelenke und Ihr Gehirn zu schützen. Aber alles dies muss im Zeitfenster von 10 Jahren nach der Menopause geschehen. Für diejenigen, die dieses therapeutische Fenster bereits verpasst haben und schon an chronischen Erkrankungen leiden, ist Vorbeugen durch Hormone nicht mehr möglich. Zum Glück gibt es dank der medizinischen Errungenschaften viele Möglichkeiten zur Linderung und Verzögerung verschiedener Krankheitszustände in jedem Alter. Für einen gesunden Lebensstil ist es nie zu spät, und er trägt zu Ihrem körperlichen und seelischen Gleichgewicht bei. Es ist wichtig, Krankheiten früh zu erkennen und dementsprechend zu behandeln. Vorbeugende Effekte einer Hormontherapie für den ganzen Organismus sind zeitbegrenzt und sollen möglichst direkt im Anschluss an die Menopause eingesetzt werden. Man spricht heute von einem therapeutischen Fenster von höchstens zehn Jahren nach der letzten Regel, um positive Effekte auf den Körper feststellen zu können. Die Behandlung mit Hormonen ist jedoch immer individuell zu beurteilen. Es gibt ja bekanntlich Frauen, die bis weit ins hohe Alter an Wechselbeschwerden leiden und eine Hormontherapie auch im fortgeschrittenen Alter benötigen. Der Beginn einer Hormontherapie mehr als zehn Jahre nach der Menopause oder nach dem 60. Lebensjahr ist jedoch eine Ausnahme. Probleme durch Östrogenmangel in der Scheide und den Harnwegen können aber auch im höheren Alter effektiv bekämpft werden.

Wir Menschen werden immer älter. Der wachsende Anteil älterer Personen in unserer Gesellschaft ist eine große Herausforderung. Deshalb ist es so wichtig, chronischen Krankheiten vorzubeugen und einen Schritt voraus zu sein. Dies scheint auf lange Sicht mindestens ebenso wichtig wie die Erforschung von vielen neuen Therapien für manifeste Erkrankungen. In unserer heutigen Welt ist es möglich, länger und mit besserer Lebensqualität zu leben.

> Vorbeugen statt krank zu werden ist eines der wichtigsten Prinzipien für die Gesundheit. Vielen Frauen hilft die Hormontherapie, chronische Krankheiten zu verzögern oder zu vermeiden. Die Therapie sollte jedoch zeitig, am besten direkt im Anschluss an die Menopause begonnen werden. Im höheren Alter hat eine vorbeugende Hormontherapie wenig Sinn. Ein gesunder Lebensstil ist in jedem Alter wichtig, um Krankheiten möglichst zu vermeiden.

5.5 Eine kurze Zusammenfassung

In diesem Kapitel wurde das therapeutische Fenster eingehend besprochen. Wenn die Behandlung mit Hormonen bei Frauen direkt nach der Menopause, aber nicht später als nach dem Erreichen des 60. Lebensjahres oder 10 Jahre nach der letzten Regelblutung einsetzt, kann eine Hormontherapie bedeutende Gesundheitsvorteile mit sich bringen. Ein gesunder Lebensstil mit Vermeidung von Nikotin, Drogen und Alkohol, dafür aber mit richtiger Bewegung und Ernährung samt seelischer Harmonie helfen Ihnen in jedem Lebensabschnitt, die Gesundheit zu erhalten.

Literatur

Cirillo DJ et al (2006) Effect of hormone therapy on risk of hip and knee joint replacement in the women's health initiative. Arthritis Rheum 54:3194–3204. https://doi.org/10.1002/art.22138

de Villiers TJ, Stevenson JC (2012) The WHI: the effect of hormone replacement therapy on fracture prevention. Climacteric 15:263–266

Haines C et al (2005) Prevalence of menopausal symptoms in different ethnic groups of Asian women and responsiveness to therapy with three doses of conjugated estrogen/medroxiprogesterone acetate: the Pan Asia Menopause (PAM) Study. Maturitas 52(3–4):264–276

Hodis H, Mack W (2011) A "Window of Opportunity": the reduction of coronary heart disease and total mortality with menopausal therapies is age and time dependent. Brain Res 1379:244–252

Hodis H et al (2016) Vascular effects of early versus late postmenopausal treatment with estradiol (ELITE). N Engl J Med 374(13):1221–1231. https://doi.org/10.1056/NEJMoa1505241

https://www.who.int/health-topics/noncommunicable-diseases#tab=tab_1

https://www.heart.org/en/healthy-living/fitness/fitness-basics/aha-recs-for-physical-activity-in-adults

Manson JE et al (2017) Menopause hormone therapy and long-term all-cause and cause-specific mortality. JAMA 318(10):927–938

Margolis KL et al (2004) Effect of oestrogen plus progestin on the incidence of diabetes in postmenopausal women: results from the Women's Health Initiative Hormone Trial. Diabetologia 47(7):1175–1187

Mikkola TS et al (2015) Increased cardiovascular mortality risk in women discontinuing postmenopausal hormone therapy. J Clin Endocrinol Metab 100(12):4588–4594

Miller V et al (2019) The Kronos Early Estrogen Prevention Study (KEEPS): what have we learned? Menopause 26(9):2019. https://doi.org/10.1097/GME.0000000000001326

Moreau K et al (2013) Essential role of estrogen for improvement in vascular endothelial function with endurance. J Clin Endocrinol Metab 98(11):4507–4515

Nichols M et al (2014) Cardiovascular disease in Europe 2014: epidemiological update. Eur Heart J 35(42):2950–2959. https://doi.org/10.1093/eurheartj/ehu299

Piepoli M et al (2016) 2016 European Guidelines on cardiovascular disease prevention in clinical practice. Eur Heart J 37:2315–2381. https://doi.org/10.1093/eurheartj/ehw106

Schierbeck L et al (2012) Effect of hormone replacement therapy on cardiovascular events in recently postmenopausal women: randomised trial. BMJ 345:e6409. https://doi.org/10.1136/bmj.e6409

Stellar J et al (2015) Positive affect and markers of inflammation: discrete positive emotions predict lower levels of inflammatory cytokines. Emotion 15(2):129–133

Venetkoski M et al (2017) Increased cardiac and stroke death risk in the first year after discontinuation of postmenopausal hormone therapy. Menopause 25(4):375–379. https://doi.org/10.1097/GME.0000000000001023

Winzer E et al (2018) Physical activity in the prevention and treatment of coronary artery disease. JAHA l7 (4). https://doi.org/10.1161/JAHA.117.007725

Willcox DC et al (2006) Caloric restriction and human longevity: what can we learn from the Okinawans? Biogerontology 7(3):173–177

Zhu L et al (2016) Effect of hormone therapy on the risk of bone fractures: a systematic review and meta-analysis of randomized controlled trials. Menopause 23(4):461–467

6

Eigentherapie über das Internet, jedoch zu welchem Preis?

Inhaltsverzeichnis

6.1 Können Sie Dr. Google vertrauen?

Der Weg, Gesundheitsprobleme zu behandeln, führt normalerweise über Ihren Arzt. Sie erwarten sich dabei die Hilfe eines Experten und schenken Ihrem Arzt Vertrauen. Die Autorität des Arztes wurde früher kaum infrage gestellt. Heute ist es anders. Informationen aus dem Internet sind allen zugänglich. Sie können alle Antworten auf Ihre Fragen im Internet finden. Aber wenn Sie sich bei medizinischen Fragen nicht gut auskennen, ist es schwierig, die richtige Antwort und Behandlung zu finden. Es gibt viele teure Angebote, die Sie direkt bestellen können. Aber welche davon sollen Sie denn wählen?

Auch im Fernsehen und Rundfunk sind Gesundheitsprogramme sehr populär. Viele Teilnehmer erzählen von ihren gesundheitlichen Problemen

H. Löfqvist, *Hormontherapie in den Wechseljahren*,
https://doi.org/10.1007/978-3-662-62710-5_6

und wie sie diese meistern konnten. Auch auf anderen sozialen Medien, wie Facebook-Gruppen, kann man Erfahrungen teilen. Hier können alle frei über ihre Gefühle und Erfahrungen sprechen. Was anderen geholfen hat, könnte vielleicht auch Ihnen helfen. Die guten Ratschläge sind sehr verführerisch! Es ist einfach, sie zu kopieren und verschiedene Kuren auszuprobieren. Aber man vergisst dabei eines: Jeder Mensch ist einmalig! Was dem einen hilft, kann für den anderen gefährlich sein. Darum braucht jeder Mensch eine maßgeschneiderte Behandlung!

Ich lehne dieses unkritische Ausprobieren ohne medizinische Expertenhilfe strikt ab, vor allem wenn es um Hormone geht. Aber andererseits muss sich auch der Experte über die vielen Gerüchte und Gesundheitstrends informieren, was für den Arzt von heute eine hohe Herausforderung bedeutet. Er muss sich darüber im Klaren sein was er medizinisch fundiert empfiehlt, aber auch, welche Ratschläge er auf Fragen zu einem gesunden Lebensstil gibt: Was soll ich essen, trinken, wie viel und wie oft? Wie viel und welcher Sport fördert die Gesundheit? An welchen Nährstoffen mangelt es mir? Welche Pillen, welche Dosis, was brauche ich eigentlich? Es ist nicht leicht, den Überblick über das enorme Angebot zu behalten.

Bei allen Fragen bezüglich Ihrer Gesundheit können Sie sich heutzutage über das Internet sehr wohl Informationen holen. Da es jedoch bedenklich ist, Diagnosen, Therapien und Erfahrungen anderer unkritisch zu übernehmen, sollten Sie bei ernsten Gesundheitsproblemen unbedingt Ihren Arzt aufsuchen.

6.2 Das Internet als Quelle von Information

Ich hoffe, Sie verstehen mich richtig! Ich bin absolut keine Gegnerin des Internets und der sozialen Medien. Die Entwicklung des Internets hat Enormes für die Menschheit bewirkt.

Nehmen wir an, Sie glauben, einen Progesteronmangel zu haben, und gehen auf Suche nach Progesteron im Internet. In erster Linie finden Sie viele Verkaufsanzeigen für „natürliches" Progesteron in Form von Creme. Die Informationen über das Molekül Progesteron auf Wikipedia sind umfangreich und recht kompliziert (https://de.wikipedia.org/wiki/Progesteron). Zusätzlich können Sie sich in zahlreichen populärmedizinischen Büchern über die Behandlung mit Progesteron informieren. Falls Sie sich fragen, ob Sie wirklich Progesteron brauchen, können Sie weiter forschen. Sie stoßen allmählich auf Artikel in Datenbanken wie

„Medline" oder „Cochrane", falls Sie Zugang dazu haben. Mit dieser Menge von Informationen konfrontiert, werden Sie sich am Ende dann doch zu einem Arztbesuch entschließen.

Sie hoffen, die von Ihrem Arzt empfohlenen Medikamente entsprechen dem neuesten Stand der Wissenschaft.

Ich empfehle Ihnen, keine Produkte über das Internet zu bestellen, über die Sie zu wenig informiert sind. Besprechen Sie zuerst mit Ihrem Arzt, ob Sie Bedarf an diesen Substanzen haben.

6.3 Arzthilfe über das Internet

Über das Internet einen Arzt zu konsultieren, scheint sehr einfach. Es gibt kaum Wartezeiten. Mithilfe der Kamera Ihres Smartphones können Sie Ihre Beschreibungen mit Videos oder Fotos ergänzen. Es gibt auch tragbare Messgeräte, mit deren Hilfe Sie zusätzliche Information an Ihren Arzt weiterleiten können. Das kann für eine Diagnose ausreichend sein – oder auch nicht.

Wie problematisch die Diagnostik und Therapie über das Internet sein kann, hat ein schwedischer Journalist aufgezeigt, der das System der ärztlichen Behandlung via Internet überprüfen wollte. Er gab dabei an, sich die Geschlechtskrankheit Gonorrhöe zugezogen zu haben und erhielt über das Internet die Aufforderung, einen Fragebogen auszufüllen. Dabei gab er auch an, dass die von ihm vermutete Krankheit nicht durch einen Arzt diagnostiziert worden war. Trotzdem wurden ihm für die Behandlung seiner Gonorrhöe Antibiotika in korrekter Dosierung verschrieben und als e-Rezept direkt an die Apotheke geschickt. Unser Journalist war wirklich erstaunt, wie leicht es war, das System zu hintergehen! Überdies ist Gonorrhöe in Schweden eine anzeigepflichtige Krankheit, über deren ansonsten nicht mehr überblickbare Verbreitung die Kontrolle auf diese Weise verloren geht. Die Überwachung und Behandlung von potenziell gefährlichen Krankheiten sowie der Zugang zu Drogen und Medikamenten müssen weiterhin in den Händen von verantwortungsvollen Ärzten liegen.

Ein anderes Konfliktthema ist die Bestellung von Hormonen über das Internet. Können Sie sicher sein, ob das bestellte Medikament wirklich die gewünschte Substanz beinhaltet?

Sollte es Ihnen gelingen, ein Hormonpräparat (z. B. Progesteron) über das Internet zu kaufen, ist dies sicherlich recht teuer und niemand garantiert

Ihnen, ob es wirklich für Sie geeignet ist. Es hat Sie ja niemand vorher ärztlich untersucht, ob Sie es tatsächlich benötigen und falls doch, in welcher Dosierung. Niemand hilft Ihnen dabei. Sie müssen die Folgen einer Fehlbehandlung selbst tragen.

Wenn Sie gynäkologische Fragen haben, empfehle ich Ihnen auf alle Fälle, Ihren Gynäkologen aufzusuchen, mit ihm die Probleme zu besprechen und sich untersuchen zu lassen. Ihr „Internetdoktor" kann Ihre Unterleibsbeschwerden nicht via Skype untersuchen.

6.4 Der Gesundheitstest über das Internet

Heutzutage ist es leicht, sich selbst einer genauen Gesundheits-Laboranalyse zu unterziehen. Sie wählen selbst, welche Speichel-, Urin- und Blutproben Sie untersuchen lassen möchten. Sie brauchen nur ein Labor für die Blutabnahme. Die höchstwahrscheinlich korrekte Analyse bekommen Sie zugeschickt. Aber wenn Sie weitere Fragen haben, was diese Analysen wirklich für Sie bedeuten, haben Sie niemanden, der Ihnen weiterhilft. Außerdem sagen die Laborwerte nicht alles über Ihren Gesundheitszustand aus. Sie können sich der Gefahr aussetzen, von profithungrigen Firmen, die mehr an Ihrem Geld als an Ihrer Gesundheit interessiert sind, ausgenützt zu werden. Ich rate Ihnen, lieber Ihrem Arzt vor Ort zu vertrauen als diesem Dschungel von Gesundheitsanalysen, die Sie selbst bestellt haben und ohne fachliche Hilfe bewerten müssen.

Andererseits können manche dieser Eigentests auch sehr nützlich sein. So können Sie zum Beispiel mithilfe eines Urintests eine Chlamydien-Infektion bei sich selber diagnostizieren. Das ist eine sexuell übertragbare Infektion im Urogenitaltrakt durch das Bakterium Chlamydia trachomatis. Sobald Sie die Diagnose haben, können Sie Ihren/Ihre Partner warnen und zur Behandlung einen Arzt aufsuchen.

Gesundheitstests können spannend sein, aber auch viel Geld kosten. Fragen Sie sich zuerst, ob sie wirklich notwendig sind. Früher war es undenkbar, sich selbst auf Geschlechtskrankheiten zu untersuchen zu können. Heute ist dies dank Internet möglich. Aber im Falle einer positiven Diagnose sollen Sie natürlich einen Arzt aufsuchen um eine Behandlung einzuleiten und die Gefahr der Ansteckung anderer zu vermeiden.

6.5 Handy-Apps

Mehr als die Hälfte der Frauen im Alter von 36–55 Jahren verwenden heute verschiedene Handy-Apps zur regelmäßigen Überprüfung ihrer Gesundheit. Vieles kann über eine Gesundheits-App kontrolliert werden: die Nahrungsaufnahme, was und wie oft Sie essen, Bewegung, Schlafqualität, verschiedene Stressfaktoren, Menstruation und sogar Diabetes. Bei der Diabetes-App wird auf Basis von Nahrungsaufnahme und Bewegung der Insulinbedarf ausgerechnet. Fehlberechnungen können jedoch gefährliche Konsequenzen haben. Die Verlässlichkeit solcher Apps ist schwer einzuschätzen. Schauen Sie auf die Qualitätskontrolle!

Seien Sie vorsichtig! Bei ernsthaften Krankheiten müssen Sie sich immer auf vertrauenswürdige Kontrollen verlassen können.

6.6 Die perfekte Gesundheit

In unserer modernen Informationsgesellschaft ist es leicht geworden, sich mit anderen zu vergleichen und es anderen nachzumachen. Der Wettlauf um den perfekten Körper und das perfekte Aussehen kann zu verringertem Selbstwertgefühl und Selbstvertrauen führen. Eine solche Fixierung auf den Körper in Bezug auf das Essverhalten kann schädlich sein und im schlimmsten Fall zu Anorexie bis hin zum Selbstmord führen. Es gibt auch die Orthorexie, den zwanghaften Wunsch nach gesundem Essen und übertriebener Kontrolle über die tägliche Nahrungsaufnahme. Diese restriktiven Ernährungsgewohnheiten schränken die Lebensqualität ein und isolieren die Betroffenen mehr und mehr von der Umwelt. Heute leiden auch viele Menschen an Gesundheitsangst. Sie geben viel Geld aus auf der Suche nach dem Grund für ihre Beschwerden.

Als Kontrast zu unserer auf Eigenverantwortung aufbauenden Gesellschaft beschreibt die deutsche Schriftstellerin Juli Zeh in ihrem Science-Fiction-Roman „Corpus Delicti“ eine utopische Gesellschaft im Jahr 2058 (Zeh 2010), in welcher der Staat die Gesundheit aller Menschen definiert und kontrolliert. Alle bekannten Risikofaktoren für Krankheit und Leiden sollen in dieser sterilen Gesellschaft eliminiert werden. Der Staat kontrolliert jeden Bürger ständig durch einen im Arm eingebauten Gesundheits-Chip auf das Genaueste. Die Gesundheit wird zum höchsten und wichtigsten Ziel des Daseins erklärt. Jeder, der sie nicht optimal pflegt, wird bestraft. Die Bürger leben in ständiger Angst davor, dieses Ziel nicht zu erreichen. Der Staat kontrolliert alles und gestattet keine Spontanität mehr. Voraussetzung für die Partnerwahl ist die immunologische Kompatibilität, also wie ähnlich zwei biologische Wesen einander in ihrem Gewebe sind. Das muss bei jedem Einzelnen vor dem Treffen mit einem potenziellen Partner getestet werden. Spontane Liebe ist nicht erlaubt. Alle Ansteckungsquellen werden strikt vermieden. Kinder dürfen nicht im Garten spielen. Der Kontakt mit der Natur würde ja die Gefahr einer Infektion mit sich bringen. Julie Zehs Buch ist eine gesundheitspolitische Fackel, die beschreibt, wie katastrophal es sein kann, wenn ein totalitäres Regime über das Individuum bestimmen kann. Für mich zeigt dieses Buch die Kehrseite unserer Gesundheitsideale, wenn statt Toleranz und Genuss nur noch Zwang und Perfektionismus herrschen!

Eine übertriebene Gesundheitskontrolle ist ebenso schädlich wie das Ignorieren von Gesundheitsproblemen. Der goldene Mittelweg ist der richtige! Sie müssen sich einfach auf dem Laufenden halten und achtsam sein.

6.7 Eine kurze Zusammenfassung

Wenn Sie sich der Menopause nähern, sollten Sie besonders auf einen gesunden Lebensstil achten. In der heutzutage immensen Fülle von Informationen die richtigen Quellen für die Erhaltung Ihrer Gesundheit zu finden, ist nicht leicht. In unserer modernen Informationsgesellschaft mit dem Internet finden Sie Antworten auf die meisten Ihrer Fragen. Ich rate Ihnen jedoch, Ihre Fragen mit gut ausgebildeten Ärzten Ihrer Wahl zu klären.

Literatur

https://de.wikipedia.org/wiki/Progesteron
Zeh J (2010) Corpus Delicti, ein Prozess. btb, München

7

Die Wechseljahre und die Sexualität

Inhaltsverzeichnis

7.1 Wie unterschiedlich sind wir?

Das Erbe

Alle Menschen haben individuelle Gene, die sie von anderen unterscheiden. In unseren Kindern können wir manchmal typische Verwandtschaftszüge erkennen. Unsere Gene sind aber nie exakt die gleichen, weder bei unseren Kindern noch bei anderen Verwandten. Sonst wären wir ja durch Klonen entstanden! Unsere Gene sind neue Kombinationen, die bei der Befruchtung entstehen. Es gibt sehr viele Kombinationsmöglichkeiten aus dem Erbgut von Mutter und Vater. Am Ende des 20. Jahrhunderts wurde das menschliche Genom entziffert (das HUGO-Projekt). Einige Wissenschaftler glaubten, manche Eigenschaften und Merkmale würden exakt dem

H. Löfqvist, *Hormontherapie in den Wechseljahren*,
https://doi.org/10.1007/978-3-662-62710-5_7

genetischen Muster folgen. Allerdings geschieht die Aktivierung unserer vielen Gene in unterschiedlichem Grad und ist abhängig von der Umwelt. Zum Beispiel wird ein Mensch mit der Anlage zum Übergewicht kaum dick wenn es zu wenig zu essen gibt.

Epigenetik

Die wissenschaftliche Genforschung zeigte vor einem Jahrzehnt, dass der Aktivitätszustand unserer Gene durch Umwelteinflüsse und auch durch Hormone verändert werden kann. Diese Veränderungen können sogar an nachfolgende Generationen vererbt werden, ohne dass sich die Sequenz der Gene ändert – also ohne Mutation. So ist eine neue Wissenschaft entstanden, die erforscht, wie diese Veränderungen zum Ausdruck kommen und in Erscheinung treten. Sie heißt Epigenetik.

Der biologische Rhythmus

Wir Menschen haben in unserem Körper eine eingebaute „biologische Uhr". Sie steuert zum Beispiel unseren Schlaf in der Nacht und gibt uns bei Hunger das Signal zu essen. Auch Hormone folgen einem biologischen Rhythmus. Sie regulieren das Wachstum und Gleichgewicht in unserem Körper. Unsere biologische Uhr ist auch für das Wecken unserer sexuellen Triebe verantwortlich. Es gibt ein Zeitfenster für die Stärke des Sexualtriebes im Laufe des Tages und im Laufe des Lebens. Unsere biologische Uhr startet die Menstruation und den Zeitpunkt der Menopause. All dies und mehr ist in unseren Zellen programmiert. Bei Krankheiten und Hunger kann unser biologischer Rhythmus gestört werden. Chronische Schlafstörungen können zu chronischen Krankheiten führen (Walker et al. 2020). Wir sollten viel stärker auf unsere biologische Uhr hören. Wenn wir das tun, können wir so möglicherweise viele seelische und körperliche Probleme vermeiden.

7.2 Hormone und unsere Persönlichkeit

Hormone beeinflussen unser Gehirn. Es gibt einen großen Unterschied in der Struktur und der Funktion zwischen dem weiblichen und dem männlichen Gehirn, wie ich es schon in Kap. 2 beschrieben habe. Aber Frauen und Männer sind nicht wie zwei verschiedene Pole. Es gibt ein bedeutendes

„Spill-over", mit männlichen Eigenschaften bei Frauen und weiblichen Eigenschaften bei Männern. Auch Veränderungen in der Zellentwicklung im Gehirn können zu männlichem und weiblichem Verhalten führen. Aber sind es letztendlich doch die Hormone, die unsere Persönlichkeit prägen? Sind wir verschiedene Hormontypen?

Der deutsche Gynäkologe M. Klentze hat in seinem populärmedizinischen Buch „Die Macht der eigenen Hormone" (Klentze 2003) die östrogenbetonte Frau als „Venus" bezeichnet. Sie ist die Superfrau mit einer typisch weiblichen Figur und einer „weiblichen" Psyche. Ein Mann mit weicheren Charakterzügen hingegen wird als „androgyner" Mann charakterisiert, der zu Übergewicht neigt und einfühlsam ist. Bei ihm entstehen durch ausgeprägte Aromatase-Aktivität leicht Östrogene, vor allem bei Übergewicht. Auf der anderen Seite haben wir die androgen-betonte Frau, die „Amazone", die sich mit viel Kraft, Energie und Ausdauer durchs Leben kämpft. Sie tendiert aber zu Übergewicht, männlichem Haarwuchs und Hautproblemen. Der androgene Mann ist hingegen der „Superman". Er ist der Gegenpol zur „Venus" und wird als „Mars" bezeichnet. Sein athletischer Körper mit typisch männlichen Merkmalen wird von männlichen Hormonen geprägt. Es gibt auch Frauen und Männer mit niedrigen Hormonspiegeln. Die Frau wird dann als „knabenhaft" bezeichnet und der Mann als „Asket".

Diese verschiedenen Hormontypen spielen wahrscheinlich eine Rolle bei der Partnerwahl. Unterschiedlichkeiten können zu Missverständnissen führen. Die Gegenpole Supermann und Superfrau nach Klentze passen eigentlich gar nicht zusammen, üben jedoch eine starke Anziehungskraft aufeinander aus.

Jeder Mensch ist aber von Anfang an eine einzigartige Mischung. Die Einteilung in verschiedene Kategorien von Hormontypen mag zwar unterhaltsam sein, ist allerdings zu schematisch und manchmal sogar verletzend. Sie wird der Vielfalt und Verschiedenheit der menschlichen Persönlichkeit nicht gerecht und berücksichtigt nicht, dass sich unser Charakter im Laufe des Lebens ändern kann. Die Toleranz diesen Gegebenheiten der menschlichen Natur gegenüber muss immer verteidigt werden.

Die Sexualhormone haben im Lauf des Lebens einen bedeutenden Einfluss auf unseren Körper. Das Verhältnis von männlichen und weiblichen Sexualhormonen prägt unser Aussehen und Verhalten. Sexualhormone steuern unsere Sexualität. Eine Vereinfachung durch Verallgemeinerung und Kategorisierung ist aber gefährlich.

7.3 Sexualität und das Altern

Wie sehr steuern doch unsere Hormone die sexuelle Lust! Nach der Sturm- und Drangzeit in der Pubertät und Adoleszenz folgt die Zeit der Konsolidierung. Ein treuer Partner wird gesucht (Abb. 7.1). Der Kinderwunsch folgt ganz natürlich aus dem harmonischen Verhältnis zueinander. Die Sexualität ist, auch wenn sie kompliziert sein mag, ein grundlegender Teil unseres Lebens. Ein gesundes Sexualleben trägt eindeutig dazu bei, uns glücklich zu machen. Die Menopause ist kein Grund, auf dieses Glück zu verzichten. Mit einer ausgeglichenen und individuell angepassten Hormontherapie ist es leichter, auch nach der Menopause in der Partnerschaft weiterhin sexuell aktiv zu bleiben.

Für einige Frauen kann die rasche Abnahme der Sexualhormone zur Zeit der Menopause beschwerliche Konsequenzen haben. Wenn das Liebesleben nur mehr schmerzhaft ist, gerät die Frau in einen Teufelskreis, der zur Vermeidung von Sex mit dem Partner führen kann. Durch die Angst vor Schmerzen und durch die Frustration über diese unerwartete Veränderung wird die Lust blockiert.

Abb. 7.1 Wie herrlich ist die Jugend! Die Sexualhormone steuern die Lust und auch die Sehnsucht nach einem treuen Partner und einer Familie. (© Drobot Dean/stock.adobe.com)

Sogar eine Umarmung wird vermieden. Sie könnte ja falsche Signale an den Partner senden! Er könnte vielleicht glauben, es sei eine sexuelle Einladung. Zusätzlich leidet die Frau auch noch an Wallungen, Schwitzen, Schlafproblemen, Müdigkeit und Erschöpfung. Die sexuelle Lust wird verdrängt und scheint nicht mehr wichtig zu sein. Trotzdem oder gerade deshalb sind viele Frauen unglücklich und haben dem Partner gegenüber ein schlechtes Gewissen.

Ihre Liebeslust kann in der Menopause sehr beeinträchtigt werden. Die Trockenheit Ihrer Scheide ist jedoch nichts Krankhaftes. Sie beruht auf dem Östrogenmangel in den Schleimhäuten. Durch eine Östrogenbehandlung fühlen Sie sich wieder wie früher, wie vor dem Hormonsturz in der Menopause.

Es gibt Hilfe. Ihr Liebesleben muss noch lange nicht „im Eimer sein"! Eine Hormontherapie ist die Voraussetzung für den Wiederaufbau der Schleimhaut der Scheide. Hormone helfen auch bei anderen Wechselbeschwerden. Als ersten Schritt sollten Sie Ihre Symptome akzeptieren. Der nächste Schritt ist der Termin bei Ihrem Arzt, der Sie versteht und Ihnen mittels einer Hormontherapie helfen kann. Wenn Sie sich dann mithilfe der Hormone besser fühlen, sollten Sie sich daran erinnern, was Sie früher sexuell erregt hat. Lassen Sie Ihrer Fantasie freien Lauf! Beziehen Sie dann Ihren Partner mit ein. Die Fähigkeit, sich sexuellem Genuss hinzugeben, gibt Ihnen ein emotionales und soziales Glücksgefühl. Jede Frau hat das Recht dazu! Es gibt nichts, wofür Sie sich zu schämen brauchen. Sex kann auch im hohen Alter beglücken.

Wenn Sie aber trotzdem Schwierigkeiten haben, die sexuelle Lust wiederzufinden, sollten Sie sich weitere Hilfe suchen. Ein Sexualtherapeut kann Ihnen und Ihrem Partner weiterhelfen. Vielleicht leiden Sie aber nicht nur daran, dass Ihnen Östrogene fehlen, sondern es mangelt Ihnen auch an Testosteron. Hier kann Ihnen Ihr Arzt helfen. Hormone lösen nicht alle Probleme, aber sie unterstützen Sie (Simon et al. 2018).

7.4 „Männerpause" nach der Menopause

In meiner Praxis habe ich im Laufe der Jahre viele Frauen getroffen die durch die Schlagzeile „Hormone können Brustkrebs verursachen" sehr verunsichert sind und eine Hormonbehandlung ablehnen. Sie finden sich damit ab, die Menopause als natürlichen Vorgang des Lebens zu betrachten, der keiner Behandlung bedarf. Im Laufe der Jahre entstehen bei ihnen jedoch Gesundheitsprobleme die zum Teil auf den Lebensstil und auch auf den Verlust der Hormone zurückzuführen sind. Dazu zählen Gewichtszunahme, Gelenksbeschwerden, Kreislaufprobleme und Schlafstörungen. Hier sind natürlich gute Ratschläge für einen gesunden Lebensstil angebracht.

Aber viele dieser postmenopausalen Frauen erwähnen auch, dass das sexuelle Beisammensein mit dem Partner nicht mehr stattfinde. Ich nenne dieses Phänomen die „Männerpause" im Anschluss an die Menopause. Bei einigen dieser Frauen ist die „Männerpause" auch teilweise durch Potenzprobleme des Partners bedingt. Falls ein aktives Liebesleben im Einklang mit dem Partner der Vergangenheit angehört, ist es besonders wichtig, dabei herauszufinden, wie groß der Leidensdruck dieser Paare ist. Leiden sie überhaupt unter diesem Verlust? Haben sie neue Wege des Zusammenseins ohne Sex gefunden? Sind sie mit ihrem veränderten Leben zufrieden?

Viele meiner Patientinnen haben sich an die gegebenen Voraussetzungen angepasst. Es ist Lebenskunst, in Würde zu altern. Innere Harmonie und Gelassenheit spielen hier eine große Rolle (Schmid 2014). Es macht nicht so viel aus, nicht mehr in die alten Kleider zu passen. Stattdessen wird die Kleidergröße dem Körper angepasst. Je älter man wird, desto beschwerlicher ist es – zum Beispiel – den Enkelkindern nachzulaufen. Aber die Kinder lieben es auch, mit Oma Karten zu spielen oder ihren Geschichten zuzuhören.

Sollten Sie aber Interesse daran haben, Ihr Liebesleben wieder zu aktivieren, gibt es viele Möglichkeiten. Ihr Partner muss dabei natürlich einbezogen werden. Vielleicht ist eine Paartherapie angezeigt? Das so genannte therapeutische Fenster (siehe Kap. 6) ist auch zu berücksichtigen. Vielleicht können Sie doch noch von Hormonen profitieren. Falls es zu spät ist für eine systemische Hormontherapie, kann eine lokale Hormontherapie für die Scheide hilfreich sein.

Hormontherapie nach der Menopause kann altersbedingte Veränderungen im Körper hinauszögern. Aus fachärztlicher Erfahrung ist auch ein aktives Liebesleben im Einklang mit dem jeweiligen Partner weiterhin empfehlenswert. Diese Dimension muss nicht durch vermeidbare Altersveränderungen eingeschränkt werden.

7.5 Kulturelle Unterschiede in der Sexualität

In ihrem Buch „Middle-pause" (Benjamin 2016) beschreibt die englische Journalistin Marina Benjamin ihre eigene Erfahrung, wie es war, von einem Tag auf den anderen in die Menopause zu kommen. Kurz vor ihrem fünfzigsten Geburtstag musste sie sich – die Ursache war nicht Krebs – einer Operation unterziehen, bei der die Gebärmutter und gleichzeitig auch die Eierstöcke entfernt wurden. Plötzlich und ohne Vorwarnung befand sie sich in der Menopause und litt schwer an Wallungen, Schwitzen, Schlafstörungen und lähmender Müdigkeit. In ihrem Buch philosophiert sie über die Konsequenzen der Menopause. Am meisten fasziniert mich der Teil des Buches welcher von ihrer Mutter handelt. Marinas Mutter wuchs in einem jüdischen Vorort von Bagdad im Irak auf. Die Großmutter war das Oberhaupt des Familienclans und bestimmte über die einzelnen Familienmitglieder. Die Frauen halfen einander bei der Kindererziehung und bei der Arbeit im Haushalt. Trotz enger Wohnverhältnisse waren sie fröhlich und hielten zusammen. Sie kritisierten die „andere Welt" außerhalb ihrer Gemeinschaft und standen dem Individualismus der westlichen Welt skeptisch gegenüber.

Im Orient ist es wie in vielen anderen Teilen der Welt immer noch das Los der Frau sich dem Mann zu unterwerfen und ihm zu gehorchen. Sobald ein Mädchen geschlechtsreif ist, soll sie verheiratet werden und möglichst viele Kinder zur Welt bringen.

Melinda Gates arbeitet zusammen mit ihrem Mann Bill Gates in der gemeinsamen Stiftung Bill & Melinda Gates für die Bekämpfung der Armut in der dritten Welt durch Unterstützung der Frauenrechte. Die Gleichberechtigung der Frau kann die Welt verändern (Gates 2019).

Da Frauen nach der Menopause nicht mehr schwanger werden können, haben sie deshalb in vielen Kulturen keinen Sex mehr mit ihrem Mann. Sie sollen jedoch mit Respekt behandelt werden. In den Familien vieler dieser Kulturen ist es üblich und auch selbstverständlich, die alternden Eltern zu versorgen und sie nicht in Institutionen abzuschieben oder allein zu lassen. Diese Zusammengehörigkeit der Generationen wird in unserer westlichen Welt oft vergessen!

Sexualität hat in unterschiedlichen Kulturen auch unterschiedliche Bedeutung. Wir haben das Ziel der Gleichberechtigung der Geschlechter noch nicht erreicht. Das Recht auf gesunde Sexualität in jedem Alter sollte ein selbstverständlicher Teil unserer Gesellschaft sein.

7.6 Reich an Jahren und Sexualität

Während meiner langjährigen Tätigkeit als Gynäkologin habe ich oft mit älteren Frauen zu tun gehabt. Eine dieser älteren Damen – sie war fast neunzig Jahre alt – werde ich nie vergessen. Sie konsultierte mich jedes Jahr und wollte weiterhin mit Hormonen behandelt werden. Sie war fröhlich und mit ihrem Leben zufrieden. Jedes Mal erzählte sie mir, wie glücklich sie mit ihrem Gustaf sei und welch herrliches sexuelles Zusammenleben sie mit ihm habe. Sie war sehr darauf bedacht, ihre Hormontherapie fortzusetzen und sie versicherte mir, mit dieser Behandlung nie aufhören zu wollen. Das war echte Liebe! So kann eine glückliche Partnerschaft aussehen (Abb. 7.2).

7.7 Kurze Zusammenfassung

Vom Moment der Befruchtung an ist jeder von uns ein ganz individuelles Wesen von dem es kein zweites gibt. Epigenetische Einflüsse und Veränderungen in unserem biologischen Rhythmus können unser Leben und

Abb 7.2 Sexualität ist ein grundlegender Teil unseres Lebens. Ein gesundes Sexualleben trägt eindeutig zu einem glücklichen Leben bei. Die Menopause ist kein Grund, mit diesem Glück aufzuhören. (© pressmaster/stock.adobe.com)

unsere Gesundheit prägen. Unser Körper wird im Lauf des Lebens stark von den männlichen und weiblichen Hormonen bestimmt. Sie beeinflussen unser Verhalten und unsere Sexualität. Während des fortpflanzungsfähigen Alters führen hohe Hormonspiegel bei den meisten Menschen zu einem aktiven Sexualleben. Mit dem Absinken der Geschlechtshormone in der Menopause hört bei manchen Frauen das Liebesleben auf. Dies ist manchmal auch kulturell bedingt. Das Altern selbst muss jedoch die Sexualität der Frau nicht einschränken. Wenn körperliche Beschwerden auftreten, kann eine Hormontherapie sehr erfolgreich sein. Dem Liebesleben und der sexuellen Befriedigung sollen keine altersbedingten Grenzen gesetzt werden.

Literatur

Benjamin M (2016) The middlepause – on life after youth. Catapult, New York

Gates M (2019) "The Moment of Lift" bluebird books of life. HB ISBN 978-1-5290-0549-3. https://www.panmacmillan.com/authors/melinda-gates/02a363db-0aa2-43b7-bae4-08d6392a81cc, www.momentoflift.com

Klentze M (2003) Die Macht der eigenen Hormone. Südwest, München

Simon JA et al (2018) Sexual well-being after menopause: an International Menopause Society White Paper. Climacteric 21(5):415–427. https://doi.org/10.1080/13697137.2018.1482647

Schmid W (2014) Gelassenheit, was wir gewinnen, wenn wir älter werden. Insel, Berlin

Walker WH et al (2020) Circadian rhythm disruption and mental health. Transl Psychiatry 10:28. https://doi.org/10.1038/s41398-020-0694-0

8 Aus meiner Praxis – fünf verschiedene Frauen und ihre Probleme in den Wechseljahren

Inhaltsverzeichnis

Während meiner nun schon fast vierzig Jahre dauernden Tätigkeit als Ärztin habe ich unzählige Patienten und Patientinnen mit sehr unterschiedlichen Bedürfnissen und Beschwerden getroffen.

Nach der Grundausbildung spezialisierte ich mich in Schweden auf das Fachgebiet Frauenheilkunde und Geburtshilfe.

Gewisse Ereignisse in meinem Berufsleben werde ich nie vergessen. Besonders deutlich erinnere ich mich an eine junge, hochschwangere Frau, die ihr erstes Baby erwartete. Sie kam mit der Rettung in die Ambulanz, hatte Schmerzen und blutete stark aus der Scheide. Hier gab es nicht viel Zeit für Erklärungen. Es ging darum, das Leben von Mutter und Kind durch einen schnellen Eingriff zu retten, in diesem Fall mit einem akuten Kaiserschnitt. Unsere junge Frau und ihr Kind waren gerade noch rechtzeitig ins Krankenhaus gekommen! Die medizinischen Fortschritte der Notfallmedizin geben vielen Menschen die Möglichkeit, akute Krisen zu überleben und geheilt zu werden oder zumindest eine Linderung ihrer

H. Löfqvist, *Hormontherapie in den Wechseljahren*,
https://doi.org/10.1007/978-3-662-62710-5_8

Krankheit zu erreichen. Wir alle haben Beschwerden, aber die Skala von erträglichen Wehwehchen bis zu fast unerträglichen Schmerzen ist groß. Die Fähigkeit Schmerzen zu ertragen, ist auch von Mensch zu Mensch sehr unterschiedlich, und jeder hilfesuchende Mensch muss ernst genommen werden. Es geht darum, wie sehr die Beschwerden die Lebensqualität einschränken und wie man als Arzt diese Probleme lindern oder lösen kann.

In meiner gynäkologischen Praxis habe ich immer sehr darauf geachtet, mir ein ganzheitliches Bild von den Problemen meiner Patientinnen zu machen. Bei der ersten Konsultation ist es wichtig, das Vertrauen der Patientin zu gewinnen. Manchmal sind die Erwartungen der Patientin andere als anfänglich vermutet, manchmal versteht man die Bedürfnisse der Patientin nicht ganz, oder die Kommunikation zwischen Arzt und Patientin funktioniert einfach nicht. Meistens dauert es nur eine Zeit, bis grundlegende Missverständnisse geklärt sind und man der Patientin den Eindruck vermittelt hat, sie verstehen zu wollen. Darum ist es in erster Linie wichtig ihr zuzuhören. Danach kann ich als Ärztin mein Bild der Probleme der Patientin in einigen Worten zusammenfassen. Leider haben die meisten Ärzte nur beschränkte Zeit für jeden einzelnen Patienten. Das Wartezimmer ist oft voll. Der übliche Zeitraum für eine gynäkologische Konsultation mit Gespräch, Untersuchung, Erstellen eines Behandlungsplans und Verschreiben von Medikamenten beträgt in meiner Praxis fünfundzwanzig Minuten.

Die Erwartungen der Patientin sind manchmal hoch. Sie hat vielleicht lange überlegt, überhaupt einen Arzt aufzusuchen, oder hat manchmal schon andere Ärzte besucht und sich nicht verstanden gefühlt. Sie hat sich Freundinnen anvertraut, soziale Medien verfolgt und sich selbst ein Bild von ihren Beschwerden und möglichen Behandlungsalternativen gemacht. Diese Patientin kommt mit vielen Erwartungen zu mir und möchte nicht wieder enttäuscht werden. Manchmal wurden ihr von einem anderen Arzt schon Antidepressiva gegen Gefühle der Niedergeschlagenheit, Müdigkeit und Kraftlosigkeit vorgeschlagen. Sie will aber nicht als psychisch krank abgestempelt werden! Vielleicht sind es doch die Hormone? Das alles muss aufgenommen und in jeder Hinsicht objektiv bearbeitet werden. Es ist – wie schon oben betont – sehr wichtig, das Vertrauen der Patientin zu gewinnen und dann gemeinsam mit ihr zu einem akzeptablen Behandlungsplan zu kommen.

In der kognitiven Psychotherapie nimmt die Patientin als gleichberechtigte und selbstreflektierende Partnerin auf der Suche nach dem Kern des Problems teil. Das Ziel der Behandlung ist das Verstehen von Zusammenhängen von Gefühlen und Gedanken, die das Verhalten beeinflussen. Grundlage des gemeinsamen Gesprächs zwischen Arzt und Patientin ist der sogenannte „Sokratische Dialog" (Beck 1995), bei dem die Patientin selbst zu einem Schluss kommt, den sie annehmen kann. Wenn sie versteht, was im Körper passiert und wie die körperlichen und psychischen Reaktionen damit zusammenhängen, kann sie auch den Behandlungsvorschlag ihres Arztes akzeptieren.

Marlene, Irene, Anna, Erna und Miriam sind anonymisierte Fälle aus meiner Praxis. Ich will Ihnen damit zeigen, wie ich als Gynäkologin arbeite. Alle diese Frauen sind in den Wechseljahren. Sie haben aber sehr unterschiedliche Ausgangslagen mit unterschiedlichen Symptomen und Problemen eines Ungleichgewichts der Hormone. Eine Hormontherapie ist angezeigt. Das hört sich einfach an, aber in den meisten Fällen reicht es nicht aus, bei der Behandlung nur fehlende Hormone zu ersetzen.

8.1 Marlene

Marlenes Geschichte

Marlene ist 49 Jahre alt und Chefin einer großen erfolgreichen Firma. Sie hat bereits über Jahre die Verantwortung für die Firma und ist wegen ihrer Gewissenhaftigkeit und Disziplin sehr beliebt (Abb. 8.1). Gleichzeitig hat sie auch eine Familie mit zwei Mädchen in der Pubertät. Ihr Mann ist in der Forschung tätig und sehr erfolgreich in seinem Beruf. Wie ist es möglich, die Familie zusammenzuhalten? Zum Glück sind die Großeltern immer bereit zu helfen. So hat bisher alles gut funktioniert. Die ganze Familie liebt Sport. In der gemeinsamen Freizeit reisen sie viel. Als Familie haben sie auch einige Zeit im Ausland verbracht.

Marlene war in ihrer Jugend eine Profi-Schwimmerin. Sie studierte Wirtschaft und Recht. Als Studentin lernte sie ihren späteren Mann kennen. Sie wurden ein Paar, heirateten und entschlossen sich nach zehn Jahren, auch eine Familie zu gründen. Bis jetzt hat also alles wie gewünscht geklappt.

Aber seit einiger Zeit versteht Marlene sich selbst nicht mehr. Sie glaubt, die Kontrolle über ihr Leben zu verlieren. Schafft sie es noch länger so? Ist sie nahe am Burnout? Bis jetzt hat sie kaum medizinische Hilfe gebraucht. Sie lebt zwar mit viel Stress. Jedoch ernährt sie sich gesund, kompensiert erhöhten Stress mit vermehrtem Sport und hat bisher keine Gewichtsprobleme. Seit Jahren hat sie schon eine Hormonspirale zum Schutz vor Schwangerschaft. Angenehm dabei ist, dass sie überhaupt keine Regelblutungen hat. Manchmal spürt sie Scheidentrockenheit während der seltenen Liebesstunden, die ihr vollgepackter Terminplan überhaupt noch gestattet. Ehrlich gesagt hat sie auch keine Lust mehr auf Sex. Sie schläft

Abb. 8.1 Marlene, die erfolgreiche Chefin einer großen Firma, bei der alles im Leben bisher perfekt geklappt hat, versteht sich seit einiger Zeit selbst nicht mehr... Burnout oder der Wechsel? (© elnariz stock.adobe.com)

schlecht und wacht oft schweißgebadet und mit Herzklopfen auf. Danach tut sie sich sehr schwer dabei, wieder einzuschlafen. Während des Tages hat sie seit einiger Zeit Schwierigkeiten, sich zu konzentrieren.

Marlenes medizinischer Hintergrund

Marlene hat sich ihr Leben lang bester Gesundheit erfreut. Sie hat normales Gewicht, einen gesunden Lebensstil (mit Ausnahme von zu viel terminbedingtem Stress) und betreibt regelmäßig Sport. Sie hat noch nie an Depressionen gelitten und hat bisher kaum ärztliche Hilfe in Anspruch genommen.

Marlenes Beschwerden

1. Schlafstörungen
2. Konzentrationsschwierigkeiten
3. Stimmungsschwankungen
4. Nächtliche Schweißausbrüche
5. Herzbeschwerden in der Nacht

Die klinische Untersuchung

Der allgemeine Eindruck zeigt eine gesunde Frau mit normalem Gewicht und normalem Blutdruck.

Die gynäkologische Untersuchung ergibt Scheidentrockenheit, sonst nichts Auffälliges.

Der vaginale Ultraschall zeigt normale Organe. In der Gebärmutter befindet sich eine Hormonspirale in perfekter Lage. Die Eierstöcke zeigen keine feststellbare hormonelle Aktivität, und die Gebärmutterschleimhaut ist flach, wie man es bei Einwirken der Hormonspirale erwarten kann.

Meine medizinische Beurteilung

Marlene zeigt typische Zeichen des Versagens der Sexualhormone in der Menopause. Durch die Hormonspirale hat sie schon lange keine Blutungen mehr und hat deshalb das Absinken der eigenen Hormone nicht durch Unregelmäßigkeiten bei der Regel beobachten können. Marlene hat typische Wechselbeschwerden.

Mein Behandlungsplan

Marlene hat eine Hormonspirale zum Schutz vor einer Schwangerschaft. Diese kann auch als Schutz der Gebärmutterschleimhaut bei Östrogentherapie eingesetzt werden. Marlene hat Zeichen eines Östrogenmangels, der durch eine ausgleichende Therapie mit Östradiol behoben werden kann. Wir warten ab, ob es auch zu einer Besserung der übrigen Symptome wie Schlafstörungen, verminderte Liebeslust und Schweißausbrüche kommen wird. Tritt eine solche Besserung nicht ein, müssen wir nach weiteren Ursachen suchen. Bei dieser gesunden Frau im typischen Alter für die Menopause brauchen wir keine Beweise durch Laboruntersuchungen. Ich empfehle direkt eine Behandlung mit Östrogen.

Marlene bekommt jetzt die Wahl einer Behandlung mit Östradiol entweder durch die Haut oder durch eine Tablette. Sie hat kein erhöhtes Risiko für Thrombose und keine sonstigen Krankheiten. Marlene wählt die Östrogentablette.

Marlene

Marlenes Geschichte
49 Jahre, Familie mit Mann und 2 heranwachsenden Töchtern, beruflich erfolgreich, intaktes soziales Netzwerk, gesunder Lebensstil

Marlenes medizinischer Hintergrund
Körperlich und psychisch gesund, leistungsfähig, hatte bisher ihr Leben unter Kontrolle

Marlenes Beschwerden
Schlafstörungen
Konzentrationsschwierigkeiten
Stimmungsschwankungen
Nächtliche Schweißausbrüche
Herzbeschwerden in der Nacht

Die klinische Untersuchung
Allgemeineindruck gesund, normales Gewicht, nichts Auffälliges
Gynäkologisch Zeichen von Östrogenmangel in der Scheide
Ultraschall unauffällig, keine sichtbare Aktivität der Eierstöcke
Hormonspirale in der Gebärmutter in perfekter Lage

Meine medizinische Beurteilung
Typische Wechselbeschwerden bei fortgeschrittenem Abfall von Östrogen

Mein Behandlungsplan
Behandlung mit Östradiol 1–2 mg täglich (auf Wunsch der Patientin in Tablettenform)
Die Gestagenspirale (mit Levonorgestrel) kann zumindest 5 Jahre lang die Gebärmutterschleimhaut schützen

8.2 Irene

Irenes Geschichte

Irene ist 48 Jahre alt. Bei einer Konsultation beim Hausarzt wegen Unterleibsbeschwerden mit häufigem Harndrang wurde ihr eine Untersuchung beim Frauenarzt empfohlen. Darum kommt Irene jetzt in meine Praxis.

Sie erzählt von ihrem Leben. Irene wuchs in einer religiösen Umgebung auf. Als junges Mädchen träumte sie von einer Laufbahn als Sängerin. Aber mit 20 Jahren wurde sie ungeplant schwanger. Ihre Religion erlaubte keinen Schwangerschaftsabbruch und der Vater des Kindes plante, Pastor zu werden. Also heirateten die beiden und bekamen ihr erstes Kind, eine Tochter. Neben ihren Aufgaben als Mutter studierte Irene – sie wollte Lehrerin werden. Diese Doppelbelastung war schwierig und eine große Herausforderung. Irene war aber noch jung und hatte genügend Energie. Bald wurde sie wieder schwanger. Eine zweite Tochter kam zur Welt. Die Familie hielt fest zusammen, konnte sich aber keinen Luxus leisten. Die beiden Töchter wuchsen in einem streng konservativen Milieu ohne Internet und Computerspiele auf. Irenes Mann bekam eine Anstellung als Pastor einer christlichen Gemeinde in der Stadt. Als die Töchter ins Teenageralter kamen begannen sie zu rebellieren. Die ältere Tochter startete mit Drogen, und die jüngere entwickelte Essstörungen. Es war eine sehr anstrengende, kräftezehrende Zeit! Irene und auch ihr Mann bemühten sich sehr, die Familie zusammen zu halten und ihren Töchtern zu helfen, was schließlich auch gelang. Als die beiden Töchter endlich ein selbstständiges Leben führen konnten und nicht mehr von der Hilfe ihrer Eltern abhängig waren, verschwand Irenes Energie trotz unglaublicher Erleichterung. Irgendwann war ihr die chronische psychische Belastung zu viel geworden.

Jetzt muss Irene beim Erzählen eine kurze Pause machen. Tränen rollen über ihre Wangen.

Sie setzt fort, von den Konsequenzen dieser Belastungen zu erzählen. Es ist ihr immer noch ein Rätsel, wie ihre Kräfte plötzlich schwanden. Sie kam ins Burn-Out und konnte nur mehr im Bett liegen. Dabei plagten sie Gedächtnisstörungen, Müdigkeit und seelische Verflachung. Mithilfe eines Rehabilitationsprogrammes und einer Psychotherapie konnte sie nach Jahren wieder eine neue Berufslaufbahn einschlagen. Sie ließ sich zu einer Yogatherapeutin umschulen und wollte durch Yoga und Meditation zur inneren Heilung kommen (Abb. 8.2). Diese neue Einstellung führte zu einer Veränderung ihres Lebensstils. Sie trinkt keinen Alkohol, raucht nicht, hält sich strikt an Vegan-Kost und braucht ein eigenes Schlafzimmer, um nicht in ihrem sehr empfindlichen Schlaf gestört zu werden. Das Liebesleben mit ihrem Mann hat völlig aufgehört. Sie sagt leise: „Es ist vorüber. Mein Mann ist ohnehin sehr mit seiner Kirchengemeinde beschäftigt. Wir sind immer noch gute Freunde. Aber ich empfinde absolut kein sexuelles Verlangen."

Irenes medizinischer Hintergrund

Irenes Eltern hatten beide Gesundheitsprobleme. Ihr Vater hatte Alkoholprobleme und entwickelte schließlich Demenz. Ihre Mutter war schon lange

Abb. 8.2 Irene kam nach starken familiären Belastungen mit 40 Jahren ins Burn Out. Gleichzeitig verschwand ihre Menstruation. Sie glaubt mit Hilfe von Yoga und Meditation zur inneren Heilung zu kommen. (© grthirteen/stock.adobe.com)

sehr kränklich und dement und starb an den Folgen eines Oberschenkelhalsbruchs mit anschließender Lungenembolie. Irene selbst hatte jahrelang Probleme mit ihrer Verdauung. Man hat ihr erklärt, dass diese nervös bedingt seien. Sie betrachtet sich selbst als überempfindlich. Die Vegan-Diät hat aber geholfen. Trotzdem fühlt sie sich müde, hat ständige Schmerzen im Genick und in den Gelenken und ist deprimiert. Manchmal fragt sie sich, ob das Leben überhaupt lebenswert ist. Sie fühlt sich allein und unverstanden. Ihr Mann vermeidet jeden intimen Kontakt mit ihr.

Als die Familienprobleme kulminierten, setzte Irenes Regel aus. Gleichzeitig kamen Probleme mit Herzklopfen, Schwitzen und gestörtem Schlaf. Es gab damals so viel zu bewältigen, dass sie nie an Hormone dachte. Die Menstruation ist seit ihrem vierzigsten Lebensjahr nicht wiedergekehrt. Die Schweißausbrüche wurden immer seltener. Sie konzentrierte sich sehr auf Meditation und Yoga, und das half ihr schließlich, mit ihrem Zustand zurechtzukommen. Außer ständigem Harndrang und manchmal brennenden Schmerzen beim Wasserlassen hat sie keine Unterleibsbeschwerden. Aber sie hat ja auch keinen intimen Verkehr mehr.

Irenes Beschwerden

1. Probleme mit häufigem Harndrang
2. Totaler Verlust der Libido
3. Erschöpfung und Schlafstörungen
4. Depression

Die klinische Untersuchung

Der allgemeine Eindruck zeigt eine magere, bleiche Frau, die gedämpft wirkt und eine reduzierte Vitalität vermittelt.

Die gynäkologische Untersuchung ergibt Zeichen eines starken Östrogenmangels. Sogar der Eingang in die Scheide ist eng und verletzbar. Die Schleimhaut der Scheide ist dünn und blutet leicht bei Berührung. Der vaginale Ultraschall zeigt eine leere Harnblase, kaum sichtbare Eierstöcke und eine kleine Gebärmutter mit sehr dünner Schleimhaut. Irenes Gewicht ist niedriger als normal, 55 kg bei 1,70 m Länge. Ihr BMI ist 19. Der Blutdruck ist niedrig, aber normal. Eine Messung ihrer Knochendichte ist angebracht und wird geplant.

Meine klinische Beurteilung

Es ist ganz offensichtlich so, dass Irene schon im Alter von vierzig Jahren eine zu frühe Menopause durchgemacht hat. Die Hormonproduktion ihrer Eierstöcke hat schon mehr als zehn Jahre vor der natürlichen Menopause aufgehört. Irene hat vielleicht Anlagen für Demenz, weil beide Eltern daran litten. Die Wissenschaft zeigt heute, dass es Zusammenhänge zwischen Gehirnschlag oder Demenz und früher Menopause oder frühzeitiger Entfernung der Eierstöcke gibt (Rocca 2012, 2007). Wir wissen auch, dass Herz-Kreislauferkrankungen (Roeters van Lennep et al. 2016) und Osteoporose (Gallagher 2007) mit zu frühem Abfall der Östrogene in Verbindung gebracht werden. Irene dachte nicht daran, einen Gynäkologen aufzusuchen, als ihre Regel schon so früh aufhörte. Es ist wirklich schade, dass Irene nicht schon früher gekommen ist! Der Zustand der vorzeitigen Menopause, POI (**p**remature **o**varian **i**nsufficiency) sollte mit Hormonersatz behandelt werden (Panay et al.2020).

Irenes Blasenbeschwerden könnten damit zu tun haben, dass die Schleimhäute der Harnblase, Harnröhre und Scheide sehr vom Östrogeneinfluss abhängen. Ein Mangel an Östrogen führt in diesen Organen zu empfindlich dünnen Schleimhäuten, die leicht mit Entzündung reagieren.

Hormonmangel ist auch ein wesentlicher Grund ihres gestörten Schlafes und der depressiven Symptome. Das totale Fehlen der sexuellen Lust kann mit Testosteronmangel zu tun haben, aber auch mit Östrogenmangel. Bei derart empfindlichen Organen ist es kein Wunder, dass jede Berührung schmerzt. Das kann sehr wohl zum Vermeiden von Sex mit dem Partner führen.

Irenes Erschöpfung kann natürlich auch ernährungsbedingte Ursachen haben.

Mein Behandlungsplan

Irene hat nicht erwartet, Hormone verschrieben zu bekommen. Sie ist sehr skeptisch, weil sie schon so viel über das Brustkrebsrisiko durch Hormone gehört hat. „Hormone sind gefährlich" sagt sie. Sie kann sich aber vorstellen, eine hormonelle Behandlung der Scheide auszuprobieren, weil ich ihr ausführlich die Zusammenhänge von Östrogenmangel und empfindlichen Schleimhäuten erkläre. Wir unterhalten uns intensiv über Vorurteile betreffend Hormontherapien und dass es auch ratsam ist, eine Messung der Knochendichte vorzunehmen. Das Risiko einer Osteoporose muss beachtet werden. Irene ist mager und hat schon seit langem Hormonmangel.

Sie kann sich schließlich vorstellen, eine bioidentische Hormonbehandlung zu beginnen. Eine Therapie mit künstlichen chemisch veränderten Hormonen ist für sie inakzeptabel.

Ich schlage ihr vor, mit einer täglichen Zufuhr von Östradiol-Gel auf die Haut und einer Kapsel Progesteron zum Schlucken am Abend zu beginnen. Vielleicht hilft diese Kombination besonders gut, weil Progesteron die Entspannung fördert. Irene braucht auch eine direkte Behandlung der Scheide. Hier stehen uns verschiedene Zäpfchen, Gele oder Cremen mit entweder Östriol, Östradiol oder DHEA zur Verfügung. Irene soll mit dieser schonenden Behandlung beginnen und bald wieder einen Termin vereinbaren. Das nächste Mal können wir vielleicht auch über ihre sexuelle Angst sprechen. Hier geht es um eine multifaktorielle Behandlung, die nicht mit einer Konsultation abgetan ist. Die Zusammenarbeit mit Irenes Hausarzt ist sehr wichtig.

Irene

Irenes Geschichte
48 Jahre, Mann und 2 erwachsene Töchter, Yogatherapeutin
Burnout mit 40. Vegane Ernährung seit 8 Jahren
Menopause mit 40

Irenes medizinischer Hintergrund
Beide Eltern hatten Demenz und starben früh
Burnout-Syndrom im Alter von 40 Jahren
Menopause mit 40, keine hormonelle Behandlung
Kein regelmäßiger Arztkontakt

Irenes Beschwerden
Unterleibsbeschwerden mit häufigem Harndrang
Totaler Verlust der Libido
Erschöpfung und Schlafstörungen
Depression

Die klinische Untersuchung
Mager und bleich, deprimiert. BMI 19, niedriger Blutdruck
Gynäkologisch typische Zeichen einer weit fortgeschrittenen Menopause

Meine medizinische Beurteilung
Vorzeitige Menopause (POI) und langjähriger Hormonmangel
Depression
Verdrängung der sexuellen Probleme und Beziehungsproblematik

Mein Behandlungsplan
Klärendes ärztliches Gespräch
Beginn einer sowohl lokalen als auch systemischen Hormonbehandlung
Angebot einer psychologischen Betreuung und sexologischen Beratung
Abklärung der Knochendichte
Abklärung eventueller ernährungsbedingter Mangelzustände

8.3 Anna

Annas Geschichte

Anna ist etwas über fünfzig Jahre alt. Sie ist verheiratet und hat zwei Kinder, sechzehn und neunzehn Jahre alt. Sie ist in der Firma ihres Mannes für die Buchhaltung zuständig. Sie habe über nichts zu klagen, sagt Anna. Sie hat genügend Geld und kann sich teure Reisen und viel Luxus leisten. Aber sie ist überhaupt nicht glücklich (Abb. 8.3)!

Abb. 8.3 Anna fühlt sich in der letzten Zeit wie ein Teenager. Trotz allem Luxus, den sie sich leisten kann, ist sie nicht glücklich. Hat das mit den Hormonen zu tun? (© AlesiaKan/stock.adobe.com)

Seit den letzten sechs Monaten fühlt sich Anna wie ein Teenager. Sie weint und braust wegen der geringsten Kleinigkeit auf. Sie wird dabei hochrot. Auch in der Nacht kommen diese Wallungen, gefolgt von heftigem Schwitzen und Schlafstörungen. Dann steht sie auf und holt sich eine Kleinigkeit zu essen. Joghurt oder Banane helfen ihr manchmal dabei, wieder einzuschlafen. Anna hat dadurch leider sehr an Gewicht zugenommen. Auch anstrengende Gymnastik führt zu keiner Gewichtsabnahme. Sie hat alles versucht. Sie ist sogar auf teure sogenannte „Retreats" nach Indien gefahren, hat an Yogakursen teilgenommen und mit Aufmerksamkeitstraining und Meditation gearbeitet. Anna ist Vegetarierin geworden. Sie spricht oft mit ihren Freundinnen über ihre Probleme und erhält von ihnen vielfältige, auf eigenen Erfahrungen basierende Ratschläge. Von einer bekam sie eine Progesteron-Creme. Eine andere empfahl ihr Naturpräparate mit Soja und Rotklee. Aber nichts hat bisher geholfen! Jetzt ist sie dazu bereit, Hormone auszuprobieren. Aber sie sollen „natürlich" sein.

Seit sechs Wochen hat sie keine Menstruation mehr gehabt. Sie hat geschwollene Brüste und fühlt sich wie vor der Regel. Sie hat an Gewicht zugenommen. Aber die Wallungen sind verschwunden. Auf der rechten

Seite hat sie einen dumpfen Schmerz. Was ist hier nicht in Ordnung? Ist sie vielleicht schwanger? Oder hat sie einen Tumor, vielleicht sogar Krebs?

Annas medizinischer Hintergrund

Annas Mutter hatte mit sechzig Jahren Brustkrebs, von dem sie jedoch geheilt wurde. Annas Großmutter hatte Krebs, aber man entdeckte den Krebs so spät, dass der Ursprung unklar blieb. Vielleicht war es Eierstockkrebs. Annas Vater starb nach einem Gehirnschlag schon mit siebzig Jahren. Er hatte hohen Blutdruck und war ziemlich übergewichtig.

Anna selbst kämpfte das ganze Leben lang mit Übergewicht. Ihr Gewicht vor und nach der Regel schwankte mehrere Kilos auf und ab. Sie hat schon die meisten Modediäten ausprobiert. Leider führten sie nur zum berühmten „Jojo-Effekt". Nach kurzer Gewichtsreduktion kompensierte sie mit einer doppelten Gewichtszunahme! Die Situation wurde auch immer schwieriger, je älter sie wurde. Durch zunehmende Gelenksschmerzen konnte Anna auch weniger Gymnastik machen. Eine Arthritis wurde durch Blutuntersuchungen ausgeschlossen.

Anna war als junge Frau sehr attraktiv. Aber seit einigen Jahren ist ihr Selbstwertgefühl durch die ständige Gewichtszunahme gesunken. Sie fühlt sich nicht mehr sexy genug für ihren Partner und schämt sich für ihre Fettpölsterchen. Sie vermeidet Sex und hat dabei ein schlechtes Gewissen ihrem Partner gegenüber.

Anna hatte bis vor zwei Jahren regelmäßige Menstruationen.

Eine Zeit lang hatte sie die Anti-Baby-Pille genommen, mit dem Resultat einer erheblichen Gewichtszunahme. Danach nahm sie nie wieder Hormone zu sich aus Angst, Gewicht zuzunehmen. Ihre Menstruationen wurden immer stärker und länger. Manchmal aber blieben die Blutungen aus. Nach einiger Zeit kamen Wallungen und Schlafstörungen. Anna wurden verschiedene hormonelle Methoden von Ärzten angeboten. Aber sie weigerte sich, diese Hilfe anzunehmen. Ihre Mutter hatte Brustkrebs gehabt, deshalb war sie sehr skeptisch gegenüber einer Hormontherapie.

Annas Beschwerden

1. Körperliche Probleme mit Gewichtzunahme und Brustspannen samt Schmerzen im Unterleib
2. Psychisches Ungleichgewicht
3. Menstruationsstörungen
4. Angst vor Krebs oder Schwangerschaft

Die klinische Untersuchung

Die gynäkologische Untersuchung und der Ultraschall weisen auf einen starken Östrogeneinfluss hin. Die Schleimhaut in der Gebärmutter ist kräftig aufgebaut. Aber es gibt keine Zeichen von Schwangerschaft. Der rechte Eierstock hat eine kleine Zyste, die wahrscheinlich mit der Östrogenproduktion zusammenhängt.

Der Blutdruck ist leicht erhöht. Anna hat leichtes Übergewicht mit 72 kg bei einer Körperlänge von 1,65 m und mit BMI von 26.

Meine klinische Beurteilung

Anna ist eine Frau an der Schwelle zur Menopause. Die körperlichen Symptome erklären sich durch ein hormonelles Ungleichgewicht mit zu geringem Progesteron-Einfluss und ungleichmäßig hohen und manchmal niedrigen Östrogenspiegeln mit manchmal längeren unregelmäßigen Blutungen. Bei Anna funktioniert offensichtlich die Bildung von Progesteron nicht mehr. Wenn der Eisprung ausbleibt, kann es zur Bildung von sogenannten funktionellen Zysten kommen. Dabei steigt die Östrogenproduktion an, aber kein Progesteron wird gebildet.

Somit kann ich Anna beruhigen. Sie ist weder schwanger, noch hat sie Krebs. Die psychische Labilität hängt wirklich mit ihrer Hormonsituation zusammen.

Mein Behandlungsplan

Anna braucht eine kurze Behandlung mit Progesteron oder Progesteronähnlichen Medikamenten. Am effektivsten ist eine 10-Tage-Kur mit einem Gestagen für die Behandlung und Reifung der durch Östrogen aufgebauten Gebärmutterschleimhaut. Beim Absetzen dieser Behandlung und der nachfolgenden Blutung wird dadurch eine vollständige Abstoßung der Schleimhaut erzielt. Dies nennt man „pharmakologische Kürettage". Nach solch einer Behandlung kann ein normales Blutungsmuster für einige Zeit zurückkehren. Ich muss Anna jedoch dazu überreden, Hormone einzunehmen. Ich versichere ihr, dass eine kurze Kur nicht gefährlich ist. Anna fragt nach einem Hormontest. Blutproben geben in dieser Lage keine zusätzlichen Informationen für Diagnose und Behandlung. Eine Kombinationsbehandlung mit Östradiol und Progesteron ist noch nicht angezeigt. Annas eigener Östrogenspiegel ist offensichtlich genügend hoch.

Wir sprechen auch über Diät und Gewichtsprobleme. Anna muss den Zusammenhang mit ihrer hormonellen Situation verstehen und gleichzeitig ihre Essgewohnheiten besser kontrollieren lernen. Selbstverständlich ist ein ausgewogenes Körpertraining empfehlenswert. Wir beschließen ein neues Treffen in drei Monaten.

Anna

Annas Geschichte
51 Jahre, Mann und 2 Töchter. Keine sozialen Probleme.
Angst vor Krankheit. Fühlt sich psychisch und körperlich verändert

Annas medizinischer Hintergrund
Familiäre Belastung mit Brustkrebs und Herz/Kreislauferkrankungen
Gewichtsprobleme und Stimmungsschwankungen
Unregelmäßige Regelblutungen, Gelenksbeschwerden und Schlafstörungen
Angst und Empfindlichkeit bezüglich einer Hormontherapie

Annas Beschwerden
Gewichtzunahme, Brustspannen
Schmerzen im Unterleib
Psychisches Ungleichgewicht
Angst vor Krebs oder Schwangerschaft
Menstruationsstörungen

Die klinische Untersuchung
Leichtes Übergewicht, geringe Hypertonie
Starker Östrogeneinfluss
Kein Verdacht auf Krebs oder Schwangerschaft
Kleine Zyste im rechten Eierstock

Meine medizinische Beurteilung
Progesteronmangel und Östrogendominanz in der Perimenopause
Funktionelle Zyste
Angst vor Krankheiten und Gewichtszunahme

Mein Behandlungsplan
Längeres beruhigendes Gespräch
Eine kurze Kur mit synthetischem Gestagen (10 Tage)
Ratschläge für optimale Diät und Bewegungstraining
Neuer Termin 3 Monate später

3 Monate später:

Anna hat es doch gewagt, die Gestagene einzunehmen. Während dieser zehn Tage fühlte sie sich etwas gedämpft und irritiert, aber sie hielt durch. Wie erwartet kam im Anschluss an die Gestagen-Kur eine relativ starke Blutung. Danach fühlte sie sich tatsächlich viel wohler, so wohl wie schon lange nicht mehr! Aber nach 2–3 Wochen kamen wieder nächtliche Wallungen und Schlafstörungen. Jetzt ist es schlimmer denn je. Eine weitere Menstruation blieb aus.

Neue klinische Untersuchung

Die Zyste ist verschwunden. Die Brustspannungen haben aufgehört. Jetzt ist auch die Gebärmutterschleimhaut bei der Untersuchung mit dem Ultraschall flach.

Mein neuer Behandlungsplan

Anna nähert sich jetzt wirklich der Menopause und zeigt Zeichen eines Östrogenmangels. Sie leidet unter typischen Wechselbeschwerden. In dieser Lage ist eine zyklische Hormonkombination von Östradiol und Progesteron empfehlenswert. Anna ist jedoch skeptisch, nochmals synthetische Hormone einzunehmen. Deshalb empfehle ich ihr die zyklische Behandlung mit mikronisiertem Progesteron zum Einnehmen 12 Tage pro Monat und ein Östrogenpflaster das sie zweimal pro Woche wechselt. Für diese Behandlung gibt es wissenschaftliche Daten, die auf kein erhöhtes Risiko für Thrombose oder Brustkrebs hinweisen (Mueck 2012).

Anna hat eine Neigung zu Übergewicht und Blutdrucksteigerung. Das Risiko für die spätere Entwicklung von Herz-Kreislauferkrankungen und Stoffwechselstörungen muss beachtet werden. (Collins 2016) Für Anna ist es wichtig, ein passendes Trainings- und Diätprogramm zusammengestellt zu bekommen, das ihr den Weg zu einem gesünderen Lebensstil weist.

Anna

3 Monate später

Erneute klinische Untersuchung
Jetzt Östrogen- und Progesteronmangel in der Perimenopause
Typische Wechselbeschwerden

Neuer Behandlungsplan
Zyklische Hormontherapie:
Transdermales Östradiol (Pflaster) kontinuierlich
dazu
Mikronisiertes Progesteron zum Einnehmen 12 Tage pro Monat
Neues begleitendes Gespräch auch über Ernährung und Bewegung
Anna braucht einen neuen Termin in 3 Monaten zur Therapiekontrolle

8.4 Erna

Ernas Geschichte

Erna ist 54 Jahre alt. Sie ist eine selbständige, erfolgreiche Frau. Sie hat in einer großen Fabrik Karriere gemacht und ist seit Jahren in der Position einer Gewerkschaftsvertreterin für Metallarbeiter. Sie hat keine Familie und keine Kinder, aber einen großen Freundeskreis. Erna ist eine starke Frau mit hohem Selbstvertrauen und aktivem Lebensstil und geht gern mit ihren Freunden aus. Sie liebt gutes Essen. Erna übt auch Sport aus. Sie ist eine leidenschaftliche Radfahrerin, oft auf langen Strecken und sehr ausdauernd (Abb. 8.4).

Bis vor kurzem hat sie sich stark und gesund gefühlt.

Jetzt sucht sie mich als Gynäkologin auf, weil sie an nicht enden wollenden Blutungen leidet. Sie hat auch in den letzten Wochen ein wenig von ihrer Energie verloren. In letzter Zeit schwitzt sie mehr als gewöhnlich. Sogar ihr Schlaf ist in Mitleidenschaft gezogen.

Ernas medizinischer Hintergrund

Ein größerer Teil von Ernas Verwandten hat Herz-Kreislauf-Erkrankungen mit hohem Blutdruck. Auch Herzinfarkt kommt vor. Ihr Vater starb schon mit siebzig Jahren an einem Herzinfarkt. Ihre Mutter starb auch ziemlich früh an den Folgen von Gebärmutterkrebs.

Schon als Teenager hatte Erna Probleme mit ihrem Gewicht, Akne und „männlichem" Haarwuchs an den Brüsten und Beinen, am Rücken und im Gesicht. In den letzten Jahren hatte sie viel an Gewicht zugenommen. Ihr Bauchumfang ist erheblich größer geworden. Bei einem Arztbesuch wurden erhöhte Blutfette, erhöhter Blutdruck und leicht erhöhter Nüchtern-Blutzucker festgestellt. Die Schilddrüse war laut Erna in Ordnung.

Abb. 8.4 Erna ist eine starke selbständige Frau mit großem Freundeskreis, aktivem Lebensstil und Ausdauersport, vor allem Radfahren. Ihr Übergewicht, ihre Hautprobleme und unregelmäßigen Blutungen sind zwar störend, aber auszuhalten. Sie hat jedoch schon lange ein größeres Problem: sie schwitzt übermäßig. (© Ljupco Smokovski/stock.adobe.com)

Erna ist nie schwanger gewesen. Es hat einfach nicht in ihr Leben gepasst. Ernas Menstruationen waren meistens unregelmäßig und kamen selten. Manchmal bekam sie Gestagene verschrieben, um die Menstruation anzukurbeln. Mammografie und Abstrich (Untersuchung zur Früherkennung von Gebärmutterhalskrebs)waren bisher immer normal. Ihr großes persönliches Problem im Leben bisher ist exzessives Schwitzen. Deswegen hat sie jedoch nie einen Arzt konsultiert.

Ernas Beschwerden

1. Vaginale Blutungen schon seit mehreren Wochen
2. Stärkere Probleme mit Schwitzen
3. Gewichtszunahme, vor allem größerer Bauchumfang
4. Energieverlust

Die klinische Untersuchung

Erna ist groß und adipös. Sie hat über 100 kg, eine Körperlänge von 1,75 m, und ihr BMI ist 32,5. Ihr Blutdruck ist leicht erhöht. Die gynäkologische Untersuchung zeigt einen blutigen, etwas schleimigen Ausfluss. Bei der vaginalen Ultraschalluntersuchung sind die Eierstöcke unauffällig, die Gebärmutterschleimhaut ist aber verdickt und hoch aufgebaut. Das ist nach einer Menstruation, die schon vier Wochen andauert, ungewöhnlich. Normalerweise ist die Schleimhaut nach einer Menstruation oder in der Menopause millimeterdünn.

Meine medizinische Beurteilung

Eine wochenlange Blutung ist immer ein Warnsignal. Es kann sich hier um Krebs handeln. Ernas Mutter hatte Gebärmutterkrebs. Erna ähnelt ihrer Mutter.

Die Ursache der Blutung muss gefunden und Krebs ausgeschlossen werden. Auch ein Polyp oder eine Hyperplasie (eine noch gutartige Vermehrung der Zellen in der Gebärmutterschleimhaut) können zu Blutungen führen. Mithilfe einer Gewebeprobe der Gebärmutterschleimhaut und der mikroskopischen Untersuchung dieses Gewebes kann Gebärmutterkrebs ausgeschlossen werden. Eine solche Probe kann ich direkt mithilfe einer kleinen Sonde, die durch den Gebärmutterhals geführt wird, entnehmen. Erna bekommt auch Gestagene für zumindest zehn Tage, um die Blutung zu behandeln. Im Übrigen warten wir zuerst einmal das Resultat der Gewebeuntersuchung ab, bevor wir weitere Maßnahmen ergreifen.

Der lange Einfluss von Östrogen macht sich jetzt bei Erna bemerkbar. Die wenigen Menstruationen in ihrem Leben deuten auf ein Ausbleiben des Eisprungs und einen dadurch bedingten chronischen Progesteronmangel hin. Man kann diesen Zustand auch Östrogendominanz nennen. Erna hat an abdominellem Fett (Bauchfett) zugenommen, hohen Blutdruck und eine Tendenz zu Diabetes entwickelt. Hier müssen wir von vielen Seiten ansetzen! Dabei ist die Zusammenarbeit mit Ernas Hausarzt wichtig.

Erna braucht medizinische Hilfe bei der Behandlung dieses sogenannten metabolischen Syndroms. Das Wichtigste ist ein passendes Gewichtsreduktionsprogramm und die Behandlung des erhöhten Blutdruckes und beginnenden Diabetes. Meine Aufgabe als Gynäkologin ist die Abklärung der Blutungen.

Erna

Ernas Geschichte
54 Jahre, keine Kinder, selbständig, unverheiratet
Nur gelegentliche Menstruationen, Akne und Bartwuchs, Übergewicht
Exzessives Schwitzen
Seit 3 Wochen anhaltende Blutung

Ernas medizinischer Hintergrund
Familiäre Häufung von Herz-Kreislauf-Erkrankungen und Übergewicht
Mutter starb an Gebärmutterkrebs
Übergewicht, Akne, verstärkter Haarwuchs an typisch männlichen Behaarungsstellen schon seit der Pubertät
Selten Menstruationen
Zunahme des Bauchfettes, Tendenz zu Diabetes, hohem Blutdruck und erhöhten Blutfetten

Ernas Beschwerden
Vaginale Blutungen seit 3 Wochen
Stärkere Probleme mit Schwitzen
Gewichtszunahme und vor allem größerer Bauchumfang
Energieverlust

Die klinische Untersuchung
Über 100 kg, 1,75 m lang, BMI 32,5
Adipositas vor allem im Bauchbereich, Bauchumfang 95 cm
Leicht erhöhter Blutdruck
Vaginale Blutungen
Verdickte Gebärmutterschleimhaut (Ultraschall)

Meine medizinische Beurteilung
Metabolisches Syndrom
Krebsverdacht

Mein Behandlungsplan
Endometriumbiopsie
Gestagenkur für 10 Tage
Neue Beurteilung nach 3 Wochen

3 Wochen später:

Erna hat ihre Tabletten mit einem Gestagen zehn Tage ohne jegliche Nebenwirkungen genommen. Sobald sie mit dieser Kur begann, hörten die Blutungen auf. Sie fühlte sich bald wohler. Auch das übermäßige Schwitzen verschwand. Alles hat sich also normalisiert. Als die Gestagen-Kur beendet war, kam wie erwartet eine neue Blutung, die aber am Abklingen ist.

Erna hat auch ihren Hausarzt aufgesucht. Schon seit zwei Wochen hält sie sich strikt an eine kalorienreduzierte Diät. Sie ist sehr motiviert, besser auf ihre Gesundheit zu achten.

Ich kann Erna mitteilen, dass die mikroskopische Untersuchung ihrer Gebärmutterschleimhaut keine Zeichen von Krebs aufwies. Es war eine so genannte „Hyperplasie", also eine gutartige Vermehrung der Schleimhautzellen. Die erneute Untersuchung mit Ultraschall zeigt jetzt eine dünne Schicht der Schleimhaut in der Gebärmutter, also einen Normalbefund.

Mein Behandlungsplan

Erna braucht eine vorbeugende Behandlung, um das Wachsen der Gebärmutterschleimhaut unter Kontrolle zu halten. Eigentlich braucht sie den ständig schützenden Einfluss von Progesteron oder Progesteron-ähnlichen Medikamenten. Viele Gestagene haben ungünstige Nebenwirkungen, wie zum Beispiel Gewichtszunahme. Medikamente mit ungünstigen Effekten auf Blutgefäße und Stoffwechsel sollten bei Erna möglichst vermieden werden. Eine passende Methode ist die Hormonspirale, weil das starke Gestagen der Hormonspirale hauptsächlich direkt auf die Gebärmutterschleimhaut wirkt.

Bei Erna kann man unter Berücksichtigung der Vorgeschichte die Diagnose PCOS (polyzystisches Ovarien-Syndrom) stellen. Bei diesem Befund haben die Eierstöcke viele kleine Eierbläschen. Es kommt dabei selten zum Reifen eines Follikels und daher kaum zu Menstruationen. Oft lässt sich auch ein Überschuss von Androgenen feststellen. Dabei kommt es zu Akne, fettiger Haut und männlicher Behaarung. Frauen mit diesen Symptomen neigen zu Gewichtszunahme, Insulinresistenz und zum metabolischen Syndrom. Die Diagnose PCOS ist sicher korrekt für Erna, obwohl man in diesem Alter nicht mehr viele Eierbläschen in den Eierstöcken sehen kann.

Erna braucht eine Erklärung, wie das Übergewicht mit Hormonen zusammenhängt. Bei zunehmender Fettsucht kommt es zu einem Östrogenüberschuss. Androgene werden in Fettzellen durch das Enzym Aromatase in Östrogene umgewandelt. Dazu kommt noch, dass Ernas Eierstöcke immer noch genügend Östrogene produzieren, aber kein Progesteron. Durch Progesteronmangel kann es zu unerwünschtem Wachstum der Gebärmutterschleimhaut kommen. Dieses Wachstum musste zuerst behandelt und ein neuerlicher Aufbau der Gebärmutterschleimhaut verhindert werden. Das übermäßige Schwitzen kann mit einer Dysbalance der Hormone zusammenhängen, aber nicht mit Östrogenmangel.

Auch bei Erna werden die Eierstöcke allmählich inaktiv. Hierbei können klassische Wechselbeschwerden auftreten. Sie braucht derzeit noch keine Östrogentherapie. Wir sind uns einig, dass sie vorerst eine Hormonspirale bekommt. Sie muss regelmäßig zur gynäkologischen Kontrolle kommen.

Die ergänzende Behandlung muss auf eine Gewichtsreduktion durch bessere Ernährung, durch Verzicht auf Alkohol und durch gesunde Bewegung ausgerichtet sein. Ich ermuntere sie dazu, weiter Rad zu fahren. Sie soll trotz ihrer enormen Arbeitskapazität auf alle Fälle daran denken, Stress zu reduzieren.

Erna

3 Wochen später:

Erneute klinische Untersuchung
Blutungsfrei und keine Schleimhautverdickung mehr

Neue medizinische Beurteilung
Endometriumbiopsie: kein Krebs, nur Hyperplasie
Vorbeugende Gestagentherapie empfehlenswert, um weitere Veränderungen der Gebärmutterschleimhaut zu verhindern

Behandlungsplan
Erna bekommt eine Hormonspirale direkt eingesetzt
Erneute gynäkologische Kontrolle in 3 Monaten
Weitere Kontrollen des Allgemeinzustandes beim Hausarzt
Ermunterndes Gespräch bezüglich Gesundheitsprophylaxe

8.5 Miriam

Miriams Geschichte

Miriam ist 47 Jahre alt. Sie hat sich ihr Leben lang als einen besonders empfindlichen Menschen gesehen. Schon als Kind hatte sie chronische Bauchschmerzen. Deshalb musste sie dem Schulunterricht oft fernbleiben. Ihre Eltern ließen sich scheiden, als sie noch ein kleines Kind war. Miriam wuchs hauptsächlich bei ihrer Mutter auf. Leider hatte sie Probleme in der Schule. Sie galt als Außenseiterin und hatte kaum Freunde. Auch mit dem Lernen tat sie sich schwer. Mit achtzehn Jahren bekam Miriam eine Anstellung im gleichen Geschäft in dem auch ihre Mutter arbeitete. Zwei Jahre später verliebte sie sich in einen um viele Jahre älteren Mann und heiratete ihn. Bald wurde sie schwanger. Im Laufe von fünf Jahren gebar sie drei Kinder. Als die Kinder noch klein waren, erkrankte ihr Mann an Krebs und starb. Sie selbst war damals kaum dreißig Jahre alt. Während dieser sehr schweren Zeit als Witwe mit drei kleinen Kindern, war Miriams Mutter eine große Stütze. Aber plötzlich erkrankte auch Miriams Mutter an aggressivem Krebs (Brustkrebs) und starb schon einige Jahre nach dieser Diagnose im Alter von fünfundsechzig Jahren. Zu diesem Zeitpunkt war Miriam erst dreiundvierzig Jahre alt. Zum Glück waren die Kinder nun schon beinahe erwachsen. Aber Miriam selbst war jetzt einsam und verlassen und fand im Leben keinen Sinn mehr. Der Arzt wollte ihr Antidepressiva verschreiben, was sie aber ablehnte. In ihrer Verzweiflung suchte sie im Internet nach einer Wunderkur gegen ihre körperliche und psychische Schwäche. Sie bestellte teure Naturkostpräparate, die zwar viel versprachen, aber kaum halfen. Nach einiger Zeit kam Miriams Regel nur noch selten und hörte zum Schluss ganz auf. Gleichzeitig fühlte sich Miriam immer niedergeschlagener, hatte Kopfweh, Bauchschmerzen und Konzentrationsschwierigkeiten (Abb. 8.5). In dieser Situation stieß sie vor drei Jahren auf einen privat ordinierenden Mediziner, der sich als holistischer Arzt charakterisierte. Auf seiner Homepage las sie über vielversprechende Resultate mit bioidentischen Hormonen. Nach einigem Zögern entschied sie sich dafür, diesen Arzt zu besuchen. Der private Arzt kostete zwar sehr viel Geld, aber er wusste genau, was sie brauchte, nämlich Nahrungsergänzungsstoffe und bioidentische Hormone. Er versicherte ihr, dass diese Produkte ganz ungefährlich seien und keinen Krebs hervorrufen würden. Die hormonelle Behandlung bestand aus Östradiol-Pflastern und einer Progesteron-Creme. Miriam ließ sich zur Behandlung überreden und fühlte sich bald sehr viel besser! Natürlich wollte sie diese Behandlung fortsetzen. Eine gynäkologische Untersuchung wurde ihr jedoch nicht angeboten.

Seit einiger Zeit scheinen die Hormone nicht mehr diesen positiven Effekt zu haben. Es treten nun ab und zu wieder Blutungen auf, in denen sie aber kein Muster erkennen kann. Gegen ihre Bauchschmerzen und Durchfälle hatte die Therapie ohnehin nie geholfen. Sie fühlt sich müde. Sie hat außerdem einfach kein Geld mehr für Produkte und Konsultationen bei diesem privaten Arzt. Deshalb besucht sie mich als Gynäkologin, in erster Linie, um ihre Blutungen abklären zu lassen.

Abb. 8.5 Miriam ist eine empfindsame Frau, die schwere Schicksalsschläge zu ertragen hatte. Mit 43 Jahren fühlt sie sich körperlich und seelisch stark in Dysbalance und findet im Leben keinen Sinn mehr. Die Regel hat fast aufgehört. Sie leidet unter chronischen Bauchschmerzen. (© Maridav/stock.adobe.com)

Miriams medizinischer Hintergrund

Miriam war von Kindheit an kränklich, immer mager, schwach und antriebslos, langsam in allem, was sie sich vornahm. Oft musste sie sich hinlegen und sich ausruhen. Sie litt an chronischen Bauchschmerzen mit häufig wiederkehrenden Durchfällen. Sie hatte auch oft Rückenschmerzen und Migräne. Sie musste deshalb früh ihre Anstellung im Geschäft aufgeben und ging in Frühpension. Miriam fürchtet sich sehr vor Krebs, weil sie ihn bei ihrem Mann und ihrer Mutter so schmerzlich miterleben musste.

Miriams Beschwerden

1. Unregelmäßige oft wiederkehrende vaginale Blutungen
2. Immer wieder auftretende Bauchschmerzen und Durchfall
3. Schwäche, Müdigkeit und Depression

Die klinische Untersuchung

Miriam ist mager und bleich. Ihr Bauch ist geschwollen und schmerzt bei der Palpation. Sie hat einen typischen Blähbauch. Bei der gynäkologischen Untersuchung sehe ich eine leichte Blutung. Vorsichtshalber wird ein Abstrich gemacht, um gefährliche Veränderungen des Gebärmutterhalses auszuschließen. Miriam erhält schon seit drei Jahren eine Östrogentherapie. Diese Effekte sieht man deutlich auch im Ultraschall. Die Gebärmutterschleimhaut ist etwas verdickt, aber die Eierstöcke sind normal und zeigen keine hormonelle Aktivität.

Meine medizinische Beurteilung

Aufgrund von Miriams Blässe vermute ich eine Anämie. Ihre Beschreibung von Bauchschmerzen und Durchfällen kann auf eine chronische Darmerkrankung hinweisen.

Miriam hat die Menopause wahrscheinlich schon vor einiger Zeit durchgemacht. Die bioidentischen Hormone hatten einen guten Effekt gegen ihre Wechselbeschwerden. Sie erhielt Östradiol und Progesteron als Hautpräparate. Die Blutungen beruhen auf einer unausgeglichenen hormonellen Behandlung.

Mein Behandlungsplan

Ich empfehle Miriam, einen Hausarzt aufzusuchen, um eine Glutenintoleranz oder Zöliakie auszuschließen. Dabei handelt es sich um Überempfindlichkeit gegen Gluten, einen Bestandteil vieler Getreidesorten. Durch den Verzehr Gluten-haltiger Produkte kommt es bei Zöliakie zur Bildung von Autoantikörpern gegen das körpereigene Enzym Gewebs-Transglutaminase mit Entzündung und Funktionsbeeinträchtigung der Darmschleimhaut. Die Aufnahme von Nahrungsmitteln wird eingeschränkt, und dies kann zu chronischen Mangelerscheinungen, zu Beschwerden mit der Verdauung und zu Bauchschmerzen führen. Bei Miriam müssen in erster Linie Blutproben entnommen werden, um ein vollständiges Bild ihres Zustands zu bekommen. Auch die Schilddrüsenfunktion muss abgeklärt werden.

Miriam hat eine hormonelle Behandlung bekommen, die ihr zwar gutgetan hat, aber für die Gebärmutter zu einseitig war. Progesteron als Hautcreme schützt die Gebärmutterschleimhaut bei Östrogenbehandlung in den Wechseljahren nicht genügend. Als Gel oder Creme verabreichtes Progesteron wird nicht ausreichend resorbiert, um einen effektiven Schutz der Gebärmutterschleimhaut bei gleichzeitiger Östrogenbehandlung zu gewährleisten. Bei einer Östrogenbehandlung in der Menopause sollte entweder vaginales oder orales Progesteron verwendet werden (Stute 2016).

Miriam hat große Angst vor Brustkrebs. Sie ist überzeugt, dass alle anderen Hormone außer den bioidentischen krebserregend seien. Ihre Hormonbehandlung muss aber an wissenschaftlich sichere Methoden angepasst werden. Statt Progesteron durch die Haut empfehle ich Progesteron als Kapsel für die Scheide. Der Effekt von Progesteron auf die Gebärmutterschleimhaut ist durch den so genannten „First Pass Effekt" besonders gut. Ich empfehle Miriam die Behandlung mit den Progesteron-Kapseln für 2 Wochen. Sie soll auch eine Pause mit Östrogen einlegen, damit wir eine bessere Ausgangslage für einen Neustart mit korrekter Diagnose und Behandlung bekommen.

Miriam

Miriams Geschichte
47 Jahre, alleinstehende Witwe, 3 erwachsene Kinder
Seit Kindheit schwächlich, oft Bauchschmerzen
Krebserkrankungen bei Ehemann und Mutter, beide starben
Vereinsamung und Depression
Behandlung mit alternativen Heilmitteln und Hormonen
Jetzt Blutungen

Miriams medizinischer Hintergrund
Chronische Bauchschmerzen und Durchfall
Drei Schwangerschaften kurz hintereinander im Alter von 20 bis 25 Jahren
Frühe Menopause mit 43 Jahren
Behandlung mit transdermalen bioidentischen Hormonen seit 2 Jahren

Miriams Beschwerden
Unregelmäßige Blutungen unter Hormontherapie
Chronische Darmbeschwerden
Körperliche und psychische Schwäche
Müdigkeit und Depression

Die klinische Untersuchung
Mager und bleich
Blähbauch
Östrogeneinfluss und schwache vaginale Blutungen

Meine medizinische Beurteilung
Unausgeglichene Hormonbehandlung
Verdacht auf entzündliche Darmerkrankung

Mein Behandlungsplan
Untersuchung des reduzierten Allgemeinzustandes bei Hausarzt
Behandlung mit Progesteron vaginal, Aussetzen der Östrogentherapie
Kontrolle nach 3 Wochen und neue Beurteilung

3 Wochen später

Miriam kommt zurück mit einem Brief des praktischen Arztes. Die Blutanalyse zeigte Eisenmangelanämie und Antikörper gegen das Enzym Gewebs- Transglutaminase (tTG = tissue Transglutaminase). Dies bestätigte den Verdacht auf Zöliakie. Die Diagnose Zöliakie wurde mit einer Gewebeprobe der Dünndarmschleimhaut durch Magenspiegelung bestätigt. Jetzt versteht Miriam den Zusammenhang von ihren langjährigen Darmproblemen mit Müdigkeit und Schwäche. Sie muss sich in Zukunft konsequent an eine glutenfreie Diät halten. Es dauert natürlich noch mehrere Monate, bis sie vollständig gesund ist.

Miriam hat auch die verordneten Scheidenzäpfchen mit Progesteron genommen. Zuerst hörte die Blutung auf, aber jetzt hat sie nach dem Aussetzen der Progesteron-Behandlung wieder eine kleine Blutung. Sobald sie mit den Östrogen-Pflastern aufhörte, begannen wieder die Wallungen und Schweißausbrüche. Sie hatte eigentlich keine Probleme mit den Scheidenzäpfchen – Das einzig Störende war und ist der tägliche Ausfluss, der Einlagen notwendig macht.

Die erneute gynäkologische Untersuchung zeigt jetzt eine dünne Schleimhaut und Zeichen eines Östrogenmangels in der Schleimhaut der Scheide.

Da Miriam erst siebenundvierzig Jahre alt ist, möchte ich auf alle Fälle ihren Hormonspiegel für Östradiol und FSH (das Follikel-stimulierende Hormon) messen, um die Ausgangslage zu bestimmen. Ich empfehle auch die Untersuchung der Knochendichte, damit man spätere Werte mit diesen Ausgangswerten vergleichen kann. Miriam hat sich noch nie einer Mammografie-Untersuchung unterzogen. Ich empfehle ihr diese Untersuchung, bevor sie mit ihrer Hormontherapie beginnt.

Miriam braucht ganz offensichtlich eine Hormontherapie.

Ich schlage zwei verschiedene Behandlungsmöglichkeiten vor. Zusätzlich zur Behandlung mit einem Östrogenpflaster braucht Miriam einen

Schutz für die Gebärmutterschleimhaut. Entweder nimmt sie pro Monat 12 Tage lang eine höhere Progesteron-Dosis ein oder ohne Unterbrechung jeden Abend eine kleinere Dosis. Mit der ersten Methode muss sie eine monatliche Blutung in Kauf nehmen. Die zweite, sogenannte „kontinuierliche" Methode ist einfacher. Jeden Abend soll sie eine Kapsel einnehmen. Das Ziel dieser kontinuierlichen Behandlung ist der optimale Schutz für die Gebärmutterschleimhaut. Ein zusätzlicher Nutzen ist die entspannende Wirkung des oralen Progesterons vor dem Schlafengehen. Miriam hat Angst vor Brustkrebs.

Ich versichere ihr, dass das Risiko für Brustkrebs laut Studien in den ersten fünf Jahren mit dieser Therapie nicht erhöht ist. Das Brustkrebsrisiko steigt bei allen Frauen mit dem Alter.

Wir vereinbaren einen neuen Termin in einigen Monaten zur Therapiekontrolle.

Miriam

3 Wochen später

Neue medizinische Beurteilung
Menopause und Bedarf einer Hormonbehandlung mit Östrogen/Progesteron
Die Diagnose Zöliakie wurde bestätigt (Bluttest und Dünndarmsbiopsie)

Behandlungsplan
Weitere psychologische und medizinische Unterstützung notwendig
Ernährungsberatung für Zöliakie (Diätist wird empfohlen)
Eventuell Blutspiegel von FSH und Östradiol vor Behandlungsbeginn
Messung der Knochendichte und Mammografie empfehlenswert
Kontinuierliche Behandlung mit Östrogenpflaster und mikronisiertem Progesteron oral am Abend vor dem Schlafengehen

Literatur

Beck J (1995) Cognitive therapy, basics and beyond. The Guildford Press. ISBN 0-89862-847-4

Collins P et al (2016) Cardiovascular risk assessment in women-an update. Climacteric 19(4):329–336. https://doi.org/10.1080/13697137.2016.1198574

Davis S et al (2012) Understanding weight gain at menopause. Climacteric 15(5):419–429. https://doi.org/10.3109/13697137.2012.707385

Mueck A (2012) Postmenopausal hormone replacement therapy and cardiovascular disease: the value of transdermal estradiol and micronized progesterone. Climacteric 15(Suppl1):11–17. https://doi.org/10.3109/13697137.2012.669624

Panay N et al (2020) Premature ovarian insufficiency: an International Menopause Society White Paper. Climacteric 23(5):426–446. https://doi.org/10.1080/13697137.2020.1804547

Rocca WA et al (2007) Increased risk of cognitive impairment of dementia in women who underwent oophorectomy before menopause. Neurology 69(11):1074–1083. https://doi.org/10.1212/01.wnl.0000276984.19542.e6

Rocca WA et al (2012) Premature menopause or early menopause and risk of ischemisc stroke. Menopause 19(3):272–277. https://doi.org/10.1097/gme.0b013e31822a9937

9

Oft gestellte Fragen zu den Wechseljahren

Inhaltsverzeichnis

H. Löfqvist, *Hormontherapie in den Wechseljahren*,
https://doi.org/10.1007/978-3-662-62710-5_9

Nun bin ich bald am Ende dieses Buches angelangt. In diesem letzten Kapitel möchte ich noch jene Fragen beantworten, die mir in meiner langjährigen Praxis oft von meinen Patientinnen gestellt worden sind.

9.1 Verursacht die Hormontherapie ein höheres Brustkrebsrisiko?

Brustkrebs ist die häufigste Krebsform bei der Frau. Brustkrebs kommt achtmal häufiger vor als Krebs in der Gebärmutterschleimhaut. Das Brustkrebsrisiko steigt für jede Frau mit dem Alter an. Es ist schon lange bekannt, dass die übliche Behandlung mit Hormonen gegen Wechselbeschwerden, die Sie von Ihrem Arzt verschrieben bekommen, nach 5 Jahren Behandlung zu einer leichten Erhöhung des Brustkrebsrisikos führt. Dieser mögliche Risikoanstieg ist niedrig und wird auf weniger als eine Frau pro 1000 Frauen und Anwendungsjahr berechnet. Die Risikoerhöhung durch ungesunden Lebensstil bei reduzierter körperlicher Aktivität, Übergewicht und hohem Alkoholkonsum ist vergleichsweise größer.

In einer umfangreichen europäischen Beobachtungsstudie, der E3N-Studie (Fournier et al. 2005, 2008) ist das Risiko von Brustkrebs nach 5-jähriger Kombinationstherapie mit Östradiol und mikronisiertem Progesteron nicht erhöht. Ungünstiger sieht es aus, wenn synthetisch veränderte Gestagene eingesetzt werden, mit Ausnahme von Dydrogesteron. Auch in finnischen Registerstudien sieht man ähnliche Resultate mit

Dydrogesteron (Lyytinen et al. 2009). Aber als Frau haben Sie immer ein persönliches individuelles Risiko, Brustkrebs zu bekommen. Also rate ich Ihnen sehr, Vor- und Nachteile einer Hormontherapie genau mit ihrem Arzt zu besprechen.

9.2 Was kann ich persönlich tun, um mein Brustkrebsrisiko zu vermindern?

Das Brustkrebsrisiko erhöht sich durch das Älterwerden, durch hohen Alkoholkonsum (Smith-Warner et al. 1998), Übergewicht (Huang et al. 1997) und durch einen ungesunden Lebensstil, und schließlich auch durch eine Hormontherapie (Collaborative Group on Hormonal Factors in Breast Cancer 2019). Durch Bewegung können Sie Ihr persönliches Brustkrebsrisiko selbst reduzieren (Thune et al. 1997). Leider existieren jedoch viele Mythen über die Gefährlichkeit der Hormontherapie und ihrem Zusammenhang mit Brustkrebs. Frauen fürchten sich offensichtlich mehr vor Brustkrebs als vor Herzerkrankungen. Sogar schon vor der Veröffentlichung des Brustkrebsrisikos in der WHI -Studie 2002 zeigte eine amerikanische Studie (Mosca et al. 2000), dass die befragten Frauen das Risiko an Brustkrebs zu sterben viel höher einschätzten als es die tatsächlichen Zahlen zeigten. Dabei unterschätzten sie den Tod durch Herz-Kreislauferkrankungen (Abb. 9.1 und 9.2).

Gegen das Älterwerden kann man gar nichts tun. Wir können die Zeit nicht zurückdrehen! Aber wir können mit einem gesunden Lebensstil sehr viel dazu beitragen, das Krankheitsrisiko zu reduzieren.

Nehmen wir das Beispiel mit dem Alkoholkonsum: Das amerikanische Institut „World Cancer Research Fund/American Institute of Cancer Research" (https://www.aicr.org/wp/content/uploads/2020/01/breast-cancer-report-2017.pdf) weist darauf hin, dass neben dem Älterwerden der Alkoholkonsum die größte Rolle bei der Entwicklung von Brustkrebs spielt. Ein „Drink" mit 10 g Alkohol pro Tag oder eine Flasche Wein (80 g Alkohol) pro Woche erhöht das Risiko für Brustkrebs bei prämenopausalen Frauen um 5 % und bei postmenopausalen Frauen sogar um 9 %. Diese Alkoholmenge von 10–12 g (= eine Einheit Alkohol in Deutschland; in England beträgt das Maß einer Einheit Alkohol nur 8 g) pro Tag wird von der deutschen Gesellschaft für Ernährung als maximal tolerierbare Dosis für Frauen festgelegt. Eine Einheit Alkohol entspricht ca. 33 cl Bier mit 4,5 % Alkoholgehalt oder einem Achtelliter Wein (12 %). Eine Verdopplung dieser Dosis

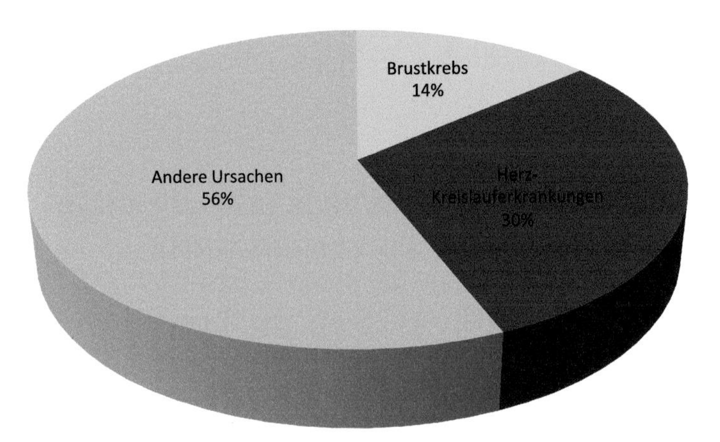

Abb. 9.1 und 9.2 Die Angst an Brustkrebs zu erkranken ist sehr verbreitet und das Risiko wird weit überschätzt. Sogar schon vor der Veröffentlichung des Brustkrebsrisikos in der WHI -Studie 2002 zeigte eine amerikanische Studie (Mosca et al. 2000), dass die befragten Frauen das Risiko an Brustkrebs zu sterben viel höher einschätzten als es die tatsächlichen Zahlen zeigten. Sie schätzten das Risiko an Brustkrebs zu sterben mit 14 %. Laut Statistik liegt das Risiko aber nur bei 4 %. Das Risiko an Herzerkrankungen zu sterben wurde von den befragten Frauen unterschätzt. Sie glaubten, es liege bei 30 %, in Wirklichkeit liegt es jedoch bei 50 %

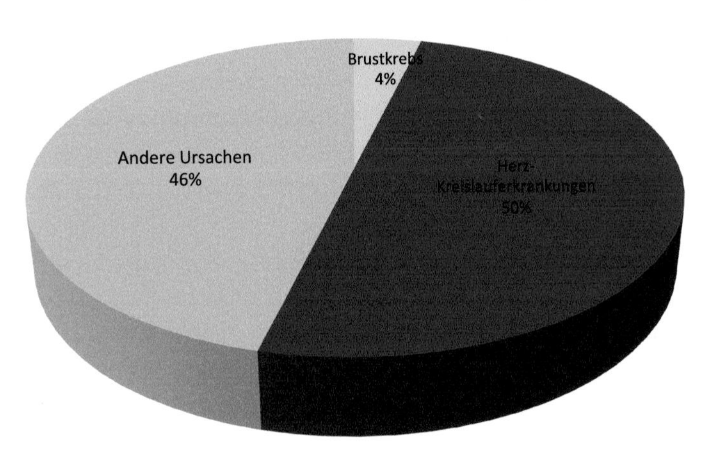

Abb. 9.1 und 9.2 (Fortsetzung)

(= 14 Einheiten pro Woche) kann bei Frauen schon zu einer Alkoholabhängigkeit führen. Im Durchschnitt konsumieren Frauen in Deutschland 29 g Alkohol pro Tag und in anderen Ländern mit hohem Einkommen 19 g pro Tag. (https://www.aerztezeitung.de/Medizin/So-trunksuechtig-ist-Deutschland-375623.html) Diese Daten wurden in der deutschen Ärztezeitschrift von Thomas Müller am 24.08.2018 veröffentlicht. Die Gefahren von Alkohol für die globale Gesundheit werden deutlich in einer Lancet-Publikation beleuchtet (GBD 2018).

Untersuchen wir nun ein anderes wichtiges Risiko für Brustkrebs, das Übergewicht:

Bei einer Tagung über Brustkrebs in San Antonio im Jahre 2017 wurde eine Folge-Studie der WHI über die Reduktion des Risikos für Brustkrebs präsentiert. Zwei Gruppen von übergewichtigen Frauen wurden verglichen, jene, die innerhalb von 3 Jahren 5 % an Gewicht abgenommen hatten, mit jenen, deren Gewicht gleichgeblieben war (Chlebowski et al. 2017). Die Frauen, die erfolgreich abgenommen hatten, hatten damit ihr Risiko an Brustkrebs zu erkranken um 12 % reduziert. 2015 zeigte eine andere Studie, dass übergewichtige Frauen generell ein größeres Brustkrebsrisiko haben, mit oder auch ohne Hormontherapie. Ihre Risikokurve folgt der Alterskurve, ist aber von vornherein etwas höher als bei Frauen mit Normalgewicht (Neuhouser et al. 2015).

Diese Daten beziehen sich hier zwar nur auf das Brustkrebsrisiko. Wir alle wissen aber, dass zu hoher Alkoholkonsum und Übergewicht auch das Risiko für andere Krankheiten erhöhen. Ein gesunder Lebensstil ist ganzheitsmedizinisch gesehen von enormer Bedeutung und anzustreben. Dafür ist es nie zu spät!

9.3 Ist das Risiko an Brustkrebs zu erkranken schon ab Beginn der Hormontherapie erhöht?

Das Risiko, bald nach Beginn einer Hormontherapie an Brustkrebs zu erkranken, ist für Frauen mit einem schon bestehenden, aber noch unentdeckten Krebs, der durch die Hormone stimuliert wird, erhöht. Deshalb ist vor dem Beginn einer Hormontherapie eine Mammografie zu empfehlen, um einen möglichen Brustkrebs frühzeitig zu erkennen. Es ist sehr unwahrscheinlich, dass Östrogen primär Brustkrebs induziert. Wie ein Teil der WHI-Studie mit konjugierten Östrogenen ohne Gestagene gezeigt hat, provoziert Östrogen allein offensichtlich keinen Brustkrebs. Es konnte sogar eine Reduktion des Brustkrebsrisikos festgestellt werden (Anderson et al. 2012). Man macht heute vor allem die Gestagene für Brustkrebs verantwortlich. Eine Ausnahme scheinen Progesteron und Dydrogesteron zu sein, die deshalb auch in erster Linie als Schutz der Gebärmutterschleimhaut empfohlen werden (Gompel 2018). Wenn Ihre Gebärmutter entfernt worden ist, können Sie mit Östrogen allein behandelt werden.

9.4 Kann eine in der Vergangenheit abgeschlossene oder auch noch laufende Hormonbehandlung die Entwicklung von Brustkrebs mit Östrogenrezeptor-positiven Brustkrebszellen fördern?

Ich bekomme diese Frage oft gestellt, wenn eine über längere Zeit hormonbehandelte Patientin an Brustkrebs erkrankt. Brustkrebs kann Hormonrezeptor-positiv oder -negativ sein. Bei Östrogenrezeptor-positivem Brustkrebs hat man daher in der Krebstherapie die zusätzliche Möglichkeit einer Behandlung mit Antiöstrogenen. Viele Frauen mit der Diagnose eines Östrogenrezeptor-positiven Brustkrebses glauben, dass das Östrogen der ehemaligen Hormontherapie den Krebs verursacht habe. Das ist aber nicht richtig. Ich versuche daher, den Zusammenhang von Östrogen und Brustkrebs einfach zu erklären.

Östrogen stimuliert die gesunde Brustzelle und trägt zu ihrem Stoffwechsel bei. Nicht mehr erwünschte Zellen (z. B. Krebszellen) werden normalerweise durch den programmierten Zelltod, die Apoptose, ausselektiert. Bei diesem komplexen Stoffwechsel können krebsfördernde und vor Krebs schützende Östrogenabbauprodukte entweder das Wachstum oder die Hemmung von Brustkrebszellen bewirken. Einige der Östrogenabbaustoffe sind hauptsächlich für das Wachstum verantwortlich, während andere die Apoptose und/oder das Auffangen von toxischen Radikalen bewirken können (Seeger und Mueck 2010). Im Falle der Entstehung von Krebs werden Östrogenrezeptor-positive Krebszellen jedoch durch Östrogen zum schnelleren Wachstum angeregt. Ungehemmtes Wachstum ist das Kennzeichen von Krebs. Aber zuerst muss eine Krebszelle vorhanden sein, bevor Östrogen überhaupt das Wachstum dieser Krebszelle fördern kann. Es gibt allerdings keinen Beweis dafür, dass Brustkrebs primär durch Östrogen ausgelöst wird. Ihre frühere Hormontherapie ist also nicht schuld daran, dass Sie nun an Brustkrebs erkrankt sind. Die Entstehung von Krebs hängt von vielen internen und externen Faktoren ab, die unser Immunsystem schwächen. Angeborene Defekte, giftige Stoffe, radioaktive Bestrahlung und andere Umweltfaktoren können zur Krebsentwicklung beitragen.

9.5 Ich hatte früher Brustkrebs. Kann ich trotzdem mit Hormonen behandelt werden?

Leider gilt eine früher durchgemachte Brustkrebserkrankung als Gegenanzeige für eine systemische Hormontherapie. Darin sind sich alle Experten einig. Der Grund dafür ist die Sorge, dass Hormone ruhende Krebszellen stimulieren könnten. Auch nach einer erfolgreichen Brustkrebsbehandlung kann irgendwo im Körper eine Krebszelle lauern und wieder stimuliert werden. Ein erneutes Krebswachstum soll aber um jeden Preis vermieden werden. Daher darf man eine höher dosierte Hormontherapie gegen typische Wechselbeschwerden nicht durchführen.

Hingegen kann eine lokale vaginale Östrogenbehandlung infrage kommen. Östrogenhaltige Zäpfchen oder Cremen, vor allem das schwächere Östriol, können gegen Scheidentrockenheit, Jucken und Brennen und bei Blasenproblemen eingesetzt werden.

9.6 Kann ich viele Jahre nach abgesetzter Hormonbehandlung trotzdem noch ein größeres Risiko für Brustkrebs haben?

Verursachen Hormone doch Krebs? Sogar viele Jahre nach Absetzen der Behandlung? Die Publikation der Lancet-Studie im August 2019 schlug wieder einmal wie eine Bombe ein (Collaborative Group on Hormonal Factors in Breast Cancer 2019) und wurde in der Laienpresse für die Allgemeinheit verkürzt dargestellt. Das ist immer problematisch. Zu dieser Übersichtsstudie in Lancet haben sich unter Experten viele kritische Stimmen gemeldet. Die richtige Interpretation von Forschungsresultaten ist ja nur unter Berücksichtigung des Studiendesigns möglich. In der Studie wurden ältere Daten mit heute nicht mehr gebräuchlichen Hormonkombinationen ausgewertet, die ein höheres Risiko für Brustkrebs zeigten. Sie können beruhigt sein, heute werden andere Hormonkombinationen verwendet. Die neue Publikation ändert nichts an den Richtlinien der derzeitigen Hormontherapie. Wie wir schon lange wissen, tritt Brustkrebs am häufigsten im Durchschnittsalter von 65 Jahren auf. Bei Hormontherapie steigt das Risiko in jedem Alter nach 5–6 Jahren leicht an. Das ist nichts Neues. Aber viele andere Risikofaktoren, wie Belastungen durch ungesunden Lebensstil, können wesentlicher für das Entstehen von Brustkrebs sein. Nutzen und Risiko müssen immer wieder gegeneinander abgewogen werden. Die wichtigste Botschaft früherer hochqualifizierter Studien ist immer noch die Verminderung der Sterberate um 30 % bei hormonbehandelten Frauen im Vergleich zu unbehandelten – wobei das höhere Brustkrebsrisiko bereits berücksichtigt ist.

9.7 Entsteht durch bio-identische Hormone Gebärmutterkrebs?

Um diese Frage zu beantworten, möchte ich zuerst auf Folgendes hinweisen: Wir diskutieren hier den Gebärmutterkrebs in der Gebärmutterschleimhaut und nicht den Gebärmutterhalskrebs. Gebärmutterhalskrebs wird vor allem durch Papillomaviren hervorgerufen und kann in seinen frühen Vorstufen durch ein effektives Screening-Programm diagnostiziert und verhindert werden. Gebärmutterhalskrebs und seine Vorstadien kommen oft auch bei jüngeren Frauen vor. Diese Krebsform steht in keinem Zusammenhang mit einer Hormonbehandlung in den Wechseljahren.

Krebs in der Gebärmutterschleimhaut ist im Vergleich zu Brustkrebs seltener und kommt hauptsächlich nach der Menopause vor. Das Risiko, überhaupt an Gebärmutterschleimhautkrebs zu erkranken, ist höher bei Frauen, die lange einem einseitigen starken Östrogeneinfluss ausgesetzt waren, wie zum Beispiel adipöse Frauen. Auch das polyzystische Ovar-Syndrom (PCOS) kann das Risiko für Gebärmutterkrebs in der Gebärmutterschleimhaut erhöhen. Bei ausgebliebenem Eisprung fehlt die Entwicklung des Gelbkörpers (= Corpus luteum) im Eierstock. Dadurch findet keine Reifung der Gebärmutterschleimhaut durch Progesteron statt, und die Schleimhaut kann durch Östrogeneinfluss ungehindert wachsen. Das erste Anzeichen von Krebs kann eine postmenopausale Blutung sein. Mit Hilfe von vaginalem Ultraschall und einer Endometriumbiopsie oder Kürettage kann die Diagnose schnell gestellt werden. In diesem frühen Krebsstadium werden fast alle Frauen völlig geheilt.

In der Hormontherapie der Wechselbeschwerden ist die einseitige Behandlung mit Östrogen als falsch zu betrachten, falls die Gebärmutter nicht chirurgisch entfernt worden ist. Mit Gestagen oder Progesteron werden die Östrogenrezeptoren von Anfang an blockiert und ein Wachsen der Schleimhaut verhindert. Die Gebärmutterschleimhaut wird dadurch effektiv vor Krebs und auch vor Blutungen geschützt. Der wirkungsvollste Schutz ist die kontinuierliche Gabe von Progesteron/Gestagen. Aber es genügt auch, monatlich für 12 Tage die Schleimhaut zu einer Sekretionsschleimhaut umzuwandeln. Nach dieser „Kur" wird die inzwischen aufgebaute Schleimhaut durch eine Regelblutung abgestoßen.

Nun komme ich zur Beantwortung Ihrer Frage. Entsteht durch bio-identische Hormone Gebärmutterkrebs? Ich nehme an, Sie meinen dabei das bio-identische Progesteron.

Die Antwort ist eigentlich kurz: Nein! Bio-identisches Progesteron kann sogar weitgehend Schutz für die Gebärmutterschleimhaut geben, wenn es korrekt nach evidenz-basierten Richtlinien angewendet wird.

Bisher gibt es eine sichere Studie, die beweist, dass mikronisiertes Progesteron ebenso gut wie Gestagen die Gebärmutterschleimhaut vor unnötigem Wachstum schützt. Diese sogenannte PEPI-Studie wurde im Jahr 1996 veröffentlicht (The writing group for the PEPI Trial 1996). Dagegen wurden in einer 2010 publizierten Beobachtungsstudie über 5 Jahre (Allen et al. 2010) beim Vergleich verschiedener Gestagene und Progesteron bezüglich ihrer schützenden Wirkung gegen Gebärmutterkrebs Unterschiede aufgezeigt. Dabei schnitt das sogenannte bio-identische Progesteron im Vergleich zu den Gestagenen schlechter ab. Die Studie von Allen wird von vielen Experten kritisiert. Dosis und Behandlungsschema für die Kombinationstherapie waren nicht genau formuliert und erschwerten deshalb den Vergleich (Gompel 2018). 2018 wurden die ersten Ergebnisse einer einjährigen Anwendung von mikronisiertem Progesteron und Östradiol, kombiniert in einer Pille, publiziert (Lobo 2018). Sie zeigten keine Hyperplasie, das heißt keinen erhöhten Zuwachs der Gebärmutterschleimhaut. Diese Pille wurde von der amerikanischen Behörde FDA (Food&Drug Administration) zugelassen.

Konsultieren Sie immer Ihren Arzt, falls Sie abweichende Symptome wie zum Beispiel unerwartete Blutungen haben. Bei jeder Hormontherapie ist eine regelmäßige Kontrolle von Gebärmutter und Brüsten zu empfehlen.

9.8 Werde ich durch eine Hormontherapie an Gewicht zunehmen?

Um es gleich zu sagen: Die Gewichtszunahme in den Wechseljahren hat mit dem Alter zu tun und nicht direkt mit den Hormonen. Die Zunahme von Bauchfett bei Frauen, also die Änderung von einer weiblichen zu einer mehr männlichen Fettverteilung, wird durch die Abnahme der Östrogenproduktion verursacht. Mit zunehmendem Bauchfett steigt auch das Risiko für Stoffwechselveränderungen wie Diabetes, Erhöhung der Blutfette und Herz-Kreislauf-Erkrankungen. Dieses Risiko kann parallel dazu auch durch Schlafstörungen erhöht werden. Durch eine ausgewogene Östrogenbehandlung werden Sie nicht an Gewicht zunehmen, im Gegenteil! Untersuchungen weisen auf eine Verbesserung der Fettverteilung durch eine Hormontherapie hin (Davis et al. 2012) und lassen darauf schließen, dass eine Östrogentherapie einer Gewichtszunahme entgegenwirken kann. Wenn Sie zusätzlich ein Gestagen nehmen, kann die Art des Gestagens ausschlaggebend für die Gewichtszunahme sein. Gestagene beschreibe ich ausführlich in Kap. 3. Es gibt viele verschiedene Gestagene mit unterschiedlichen Molekülstrukturen und damit auch unterschiedlichen Nebenwirkungen. Progesteron scheint davon weniger betroffen zu sein.

Eine Hormontherapie kann durch eine Reduktion von Wechselbeschwerden wie Wallungen und Schwitzen auch den Schlaf verbessern. Ein verbesserter Schlaf erhöht die Kraft für ein aktiveres Leben und einen besseren Lebensstil, was auch für das Gewicht von großer Bedeutung ist.

Sie können durch Östrogen nicht abnehmen, aber Ihre weibliche Fettverteilung beibehalten. Um Ihr Gewicht zu halten, müssen Sie einen gesunden Lebensstil führen, weniger essen und sich mehr bewegen.

9.9 Ist die Hormontherapie gefährlich für das Herz und die Blutgefäße?

Herz-Kreislauferkrankungen sind die Todesursache Nummer Eins (49 % aller Todesfälle) bei europäischen Frauen (Townsend 2016). Ich habe Ihnen schon im Kap. 6 viel von den positiven Effekten von Östrogen auf die Blutgefäße erzählt, sofern man die Behandlung im Zeitfenster mit Beginn der Menopause innerhalb der anschließenden 10 Jahre oder zumindest vor dem 60. Lebensjahr beginnt. Kleine, aber wichtige Unterschiede für Ihre Gesundheit ergeben sich durch die Wahl der verwendeten

Substanzen. Gestagen verringert ein wenig den guten Effekt von Östrogen auf die Blutgefäße. Progesteron verhält sich hingegen gefäßneutral (Mueck 2012) und wird heute vor allem mit Rücksicht auf Herz und Gefäße in der Kombination mit Östrogen bevorzugt verwendet. Außerdem bietet Progesteron den Vorteil des vermutlich geringsten Brustkrebsrisikos (Mueck 2016). Gemeinsam mit Östradiol durch die Haut ist das Risiko von unerwünschten Nebeneffekten am geringsten.

9.10 Wann soll ich mit der Hormontherapie beginnen?

Am besten beginnen Sie mit der Hormontherapie wenn typische Wechselbeschwerden vorliegen. In der Prämenopause sind die Hormonschwankungen wie eine Achterbahn, einmal hoch und einmal niedrig. Da kann es manchmal notwendig sein, eine Hormonpause einzulegen oder nur Progesteron/Gestagen anzuwenden. Die Perimenopause ist dann grundsätzlich die geeignete Phase, um mit einer kombinierten zyklischen Kombinationstherapie zu beginnen, wenn keine Gegenanzeigen vorliegen. Bei manchen Frauen sind die Blutungen schwer in den Griff zu bekommen. Auch Brustspannungen können am Anfang vorkommen. Im Lauf der Zeit verschwinden die meisten Beschwerden. Selbstverständlich müssen bei unregelmäßigen Blutungen andere Ursachen als hormonelle ausgeschlossen werden. Die verschiedenen Aspekte dazu habe ich schon im Kap. 3 erläutert.

9.11 Können Frauen nach einer früheren Thrombose mit Hormontherapie behandelt werden?

Frauen, die in der Vergangenheit an einer Venenthrombose, einer Lungenembolie oder einem Schlaganfall erkrankt waren und deren Behandlung abgeschlossen ist, können nach neuesten Forschungsresultaten ohne Weiteres eine transdermale Östrogenbehandlung, also eine Östradiol-Behandlung durch die Haut, beginnen (Vinogradova 2019). Diese Frauen haben von Anfang an schon ein erhöhtes Thromboserisiko, das sich aber durch transdermale Östrogengabe nicht zusätzlich erhöht. Nur bei einem akuten Krankheitszustand mit Venenthrombose, Lungenembolie oder Schlaganfall sind Östrogene kontraindiziert.

9.12 Verschwinden denn die Wechselbeschwerden mit der Zeit?

Die meisten Frauen erleben Wechselbeschwerden ungefähr fünf Jahre lang, aber allmählich verschwinden die meisten Symptome. Bei 10 % der Frauen bleiben diese Beschwerden jedoch bis ins hohe Alter bestehen. Da hat es keinen Sinn, mit der Behandlung aufzuhören, wenn es nicht unbedingt sein muss.

9.13 Wann muss ich mit der Hormontherapie aufhören?

Heute spricht man nicht mehr von der kürzest möglichen Behandlungszeit und der geringsten Dosis. Im Gegenteil! Man wagt zu sagen, dass es eigentlich keine obere Altersgrenze für Hormontherapie gibt, falls die Behandlung gut toleriert wird, keine Gegenanzeigen verzeichnet werden können, und die Lebensqualität ohne Hormone beeinträchtigt wäre. Es ist natürlich wichtig, eine möglichst schonende Hormonkombination zu wählen.

9.14 Gibt es für mich Nachteile, wenn ich trotz Beschwerden keine Hormontherapie annehme und tapfer durchhalte?

Wenn Sie schwere Wechselbeschwerden erleben, aber sonst gesund sind, riskieren Sie eine unruhige Zeit mit den Folgen von Schlafmangel und körperlichem sowie psychischem Stress, die für Ihr Privat- und auch für Ihr Arbeitsleben negative Konsequenzen haben kann. Bedenken Sie auch die Vorteile einer Hormontherapie in der Zukunft. Sie kann Ihre Blutgefäße schützen, den schnellen Abbau Ihrer Knochen und Muskeln verzögern und die drastischen, durch Östrogenverlust bedingten Veränderungen in Ihrem Körper kompensieren. Bei erblicher Belastung für Osteoporose, Herz-Kreislauferkrankungen und bei Problemen mit dem Bewegungsapparat würde ich es als Nachteil sehen, auf eine Hormontherapie zu verzichten. Dies gilt vor allem dann, wenn Sie Wechselbeschwerden haben. Viel zu viele Frauen leiden völlig unnötig unter Wechselbeschwerden, weil sie eine Hormontherapie aufgrund von Vorurteilen und Angst ablehnen. Ich rate Ihnen: Wagen Sie es! Es kann der Schlüssel zu einem besseren Leben werden.

9.15 Wie lange und in welcher Dosis soll behandelt werden?

Ich empfehle die niedrigste effektive Dosis, um die Nebenwirkungen einer Überdosierung zu vermeiden. Die richtige Dosis ist sehr individuell und kann oft nicht von vornherein genau festgelegt werden. Sie müssen ganz einfach mit der Dosierung vorsichtig experimentieren. Sie selbst spüren es ja am besten wenn alle Beschwerden verschwinden. Dosis und Dauer für eine ausgeglichene Hormonkombination müssen Sie natürlich mit Ihrem Arzt besprechen. Wenn Sie sich wohl fühlen, gibt es keinen Grund, die Hormonbehandlung zu ändern oder zu beenden. Die Dauer der Behandlung hängt von Ihrem Therapiebedarf ab. Wie ich schon erwähnt habe, gibt es heute keine absolute Grenze für die Dauer der Hormontherapie bei gesunden Frauen.

9.16 Ist es möglich, mit einer Hormontherapie doch noch zu beginnen, wenn ich das sogenannte „therapeutische Fenster" verpasst habe und über 60 bin?

Nach heutigem Wissen ist es zu spät, mit einer Hormontherapie zu beginnen, wenn Ihre Menopause schon mehr als 10 Jahre zurückliegt. Aber wenn Sie dann immer noch sehr unter Wechselbeschwerden leiden, können Sie eine Hormontherapie mit Ihrem Arzt diskutieren. Ihr Arzt muss natürlich zuerst andere Ursachen für Ihre Beschwerden ausschließen. Wenn Sie ansonsten gesund sind, kann eine schonende Hormonbehandlung in niedriger Dosis – z. B. Östradiol durch die Haut und Progesteron als Kapsel – infrage kommen. Falls Sie Beschwerden mit Ihrem Unterleib haben, empfehle ich in erster Linie eine sogenannte „lokale" Hormonbehandlung in der Scheide mit Östradiol, Östriol oder DHEA. Haben Sie kaum Beschwerden, können Sie vielleicht die pflanzlichen Alternativen, die sogenannten Phytoöstrogene, als Prophylaxe oder Behandlung in Erwägung ziehen. Phytoöstrogene sind in ihrer Struktur dem Östrogen ähnlich und reagieren mit Östrogenrezeptoren. Dabei können östrogene oder antiöstrogene Effekte erzielt werden. Nachteilige Wirkungen sind kaum bekannt. Lassen Sie sich von Ihrem Arzt beraten!

9.17 Soll ich mich einer Hormontherapie unterziehen, auch wenn ich kaum Wechselbeschwerden habe?

Nehmen wir an, Sie sind eine der glücklichen Frauen, bei denen die Menopause klaglos vorübergeht. Eigentlich fühlen Sie sich ohne Regel wohler, und das bisschen Schwitzen macht Ihnen gar nichts. Warum sollten Sie dann Medikamente nehmen? Die Menopause ist ja ein natürliches Phänomen.

Mit dieser Einstellung werden Sie erst dann medizinische Hilfe brauchen, wenn Sie später im Leben vielleicht Krankheiten bekommen, die mit Hormonmangel zusammenhängen. Die günstigste Zeit, altersbezogenen Krankheiten vorzubeugen, ist dann gegeben, wenn Veränderungen im Körper noch nicht manifest sind. Ich habe früher vom „Window of Opportunity" gesprochen (Kap. 6). In diesem Behandlungsfenster zwischen 50 und 60 Jahren haben Sie eine Chance, Ihre Ausgangslage auch für das spätere Leben zu verbessern (Hodis und Mack 2011). Damit meinen die Forscher, dass Knochen, Gelenke und Muskulatur, Herz und Gefäße und auch das Gehirn von fortgesetztem Hormoneinfluss profitieren. Dies sind die langfristigen Vorteile, die natürlich sehr schwer für den Einzelnen einzuschätzen sind. Es gibt keine allgemeinen Empfehlungen der Ärzteschaft, diesen Altersveränderungen mit Hormonen vorzubeugen.

Aber wenn Ihre Eierstöcke bereits vor dem Alter von 45 Jahren ihre Funktion einstellen, bekommt Ihr Körper schon früh den Mangel an Hormonen zu spüren. Bis zum Alter von 40 heißt dies „Vorzeitige Menopause" oder POI (= Premature Ovarian Insufficiency) (Panay 2020). Zwischen 40 und 45 wird dieser Mangelzustand „Frühe Menopause" genannt. Manche Frauen versäumen es, einen Arzt aufzusuchen, wenn die Regel schon früh aufhört. Das kann schwere Folgen für das spätere Leben haben, wie zum Beispiel ein häufigeres Vorkommen von Osteoporose (Gallagher 2007) und Herz-Kreislauf-Erkrankungen (Roeters van Lennep et al. 2016). Für die Gesundheit ist es also von Vorteil, zumindest bis zum Durchschnittsalter der Menopause von 51 Jahren die Regel zu haben.

Im jüngeren Alter zwischen 40 und 50 sollten Sie sich auch ohne offensichtliche Wechselbeschwerden einer Hormontherapie unterziehen, wenn Sie schon in der Menopause sind.

9.18 Was sind Gestagene, und was unterscheidet sie vom natürlichen Progesteron?

Das Gelbkörperhormon Progesteron, das in der zweiten Phase unseres monatlichen Hormonzyklus für eine normale Regel sorgt und vor allem für eine gut funktionierende Schwangerschaft verantwortlich ist, kann auch chemisch hergestellt und therapeutisch verwendet werden. Die Forschung hat schon seit Jahren das ursprüngliche Progesteron-Molekül abgewandelt (Kuhl 2005) mit dem Ziel, die günstigen Eigenschaften von Progesteron noch zu verbessern. Diese so genannten „Gestagene" werden als Mittel zur Schwangerschaftsverhütung und zur Behandlung von abweichenden Regelblutungen und anderen Krankheitszuständen im weiblichen Körper verwendet.

Gestagene unterscheiden sich untereinander und von Progesteron nicht nur in der Molekülstruktur, sondern auch in ihren Eigenschaften und Nebenwirkungen.

9.19 Wann wird bio-identisches Progesteron zur Behandlung eingesetzt?

Das unveränderte Progesteron wird bei der Behandlung von einer drohenden Fehlgeburt und vor allem bei der künstlichen Befruchtung angewendet. Es wird als Pille oder Gel in die Scheide appliziert, um die frühe Schwangerschaft zu schützen.

Das ursprüngliche Progesteronmolekül wird im Darm schlecht resorbiert. Schon vor rund 40 Jahren ist es Forschern in Frankreich gelungen, die Absorption von Progesteron durch die sogenannte Mikronisierung der Substanz und deren Verteilung in öliger Lösung in einer Kapsel zu verbessern. Damit wurde es möglich, Progesteron auch als Kapsel zum Einnehmen zu verschreiben. Die Progesteronkapsel gehört heute in den meisten Ländern zur Standardbehandlung. Sie wird bei Progesteronmangel mit Unregelmäßigkeiten im Menstruationszyklus und als Zusatz zu Östrogen im Rahmen der Hormontherapie in den Wechseljahren verwendet.

9.20 Sind bioidentische Hormone natürliche Substanzen, die in Pflanzen gefunden werden?

Viele sogenannte Steroidhormone wie Kortisol, Östrogene und Progesteron kommen in der Grundsubstanz ursprünglich aus dem Pflanzenreich. Hauptsächlich werden Soja und die mexikanische Yamswurzel (Dioscorea villosa) genannt. Aber die Molekülstruktur dieser pflanzlichen Substanz muss chemisch verändert werden, damit sie dem körpereigenen Hormonmolekül in seiner Struktur exakt entspricht. So ist es auch verständlich, dass es nichts nützt, Yamswurzeln oder Sojabohnen zu verzehren, um einen Hormoneffekt zu erzielen.

Die Substanzen in diesen Pflanzen werden im Darm und in der Leber abgebaut und dann aus dem Körper ausgeschieden. Der menschliche Körper besitzt aber nicht die Fähigkeit, das in der Yamswurzel enthaltene Phytohormon Diosgenin in Progesteron umzuwandeln. Trotzdem werden Yamswurzelextrakte mit dem Versprechen, damit die Produktion von körpereigenem Progesteron zu unterstützen, frei vermarktet.

9.21 Hat bio-identisches Progesteron Nebenwirkungen? Es ist ja natürlich!

Auch „natürliche" Produkte haben Effekte auf den Körper. Progesteron ist ein Arzneimittel. Die Nebenwirkungen hängen von Dosis und individueller Reaktion auf das Arzneimittel ab. Wenn Sie eine Progesteronkapsel einnehmen, fühlen Sie sich nach einiger Zeit vielleicht etwas schwindlig und müde. Die Ursache dafür ist der schnelle Abbau von Progesteron zu Nebenprodukten in der Leber. Einige dieser Abbauprodukte passieren die Blut-Hirn-Schranke und beeinflussen im Gehirn bestimmte Rezeptoren, die für Beruhigung zuständig sind. Dieser Effekt auf die sogenannten GABA-Rezeptoren kann für viele Frauen sehr angenehm und schlaffördernd sein. Für andere sehr empfindliche Frauen kann die sedierende Wirkung länger anhalten. Wenn Progesteron in der Scheide appliziert wird, kommen solche Nebenwirkungen kaum vor. Dieser so genannte „first pass effect" von der Scheide zur Gebärmutter wird in der Therapie vor allem bei schwangeren Frauen genützt.

9.22 Was empfehlen Sie mir also, um gut durch die Wechseljahre zu kommen und gesund alt zu werden?

Ich empfehle Ihnen in erster Linie einen gesunden Lebensstil. Dazu gehört seelische Ausgeglichenheit, ein intaktes soziales Netz und möglichst wenig psychischer Stress. Weitere grundlegende Faktoren sind gesunde Ernährung, ausreichend Bewegung, Naturverbundenheit und Vermeiden von toxischen Substanzen wie zum Beispiel Nikotin. Wenn Sie Raucherin sind, empfehle ich Ihnen, schleunigst mit dem Rauchen aufzuhören. Das Rauchen erhöht nicht nur das Risiko für Lungenkrebs, sondern fördert auch die meisten anderen Krebsarten. Seine Effekte sind so komplex, dass sie individuell kaum vorausberechenbar sind: das Osteoporose-Risiko ist stark erhöht, ebenso das Risiko von koronare Herzerkrankungen und Veränderungen der Blutfette und Blutgefäße. Raucherinnen haben stärkere Wechselbeschwerden und kommen früher in die Menopause. Bei einer Raucherin kann eine verringerte Wirkung des körpereigenen Östrogens von vornherein zu einem Östrogen-Mangelzustand führen. Aber eine Hormontherapie mit oralen Östrogenen ist problematisch, da bei Raucherinnen durch komplexe Stoffwechselprozesse das Brustkrebsrisiko bei oraler Östrogentherapie erhöht ist. Außerdem hat eine orale Östrogentherapie wegen des beschleunigten Stoffwechsels eine geringere therapeutische Wirkung. Für Raucherinnen ist daher nur eine transdermale Östrogentherapie zu empfehlen (Mueck 2002).

Mit gesundem Selbstvertrauen und Akzeptieren des Älterwerdens auf der einen Seite und mit der aktiven Beeinflussung durch Verbesserung Ihres Lebensstils auf der anderen Seite können Sie für Ihre Gesundheit bis ins hohe Alter Wunder bewirken.

Schließlich empfehle ich Ihnen natürlich – wenn möglich – eine Hormontherapie.

Literatur

Allen N et al (2010) Menopausal hormone therapy and risk of endometrial carcinoma among postmenopausal women in the European Prospective Investigation Into Cancer and Nutrition. A J Epidemiol 172(12):1394–1403. https://doi.org/10.1093/aje/kwq300 Epub 2010 Oct 20

Anderson GL et al (2012) Conjugated equine oestrogen and breast cancer incidence and mortality in postmenopausal women with hysterectomy: extended follow-up of the Women's Health Initiative randomised placebo-controlled trial. Lancet Oncol 13:476–486. https://doi.org/10.1016/S1470-2045(12)70075-X

Chlebowski R et al (2017) Low-fat dietary pattern and breast cancer mortality in the women's health initiative randomized controlled trial. J Clin Oncol 35(25):2919–2926. https://doi.org/10.1200/JCO.2016.72.0326

Collaborative Group on Hormonal Factors in Breast Cancer (2019) Lancet. https://doi.org/10.1016/S0140-6736(19)31709-X

Davis S et al (2012) Understanding weight gain at menopause. Climacteric 2012(15):419–429. https://doi.org/10.3109/13697137.2012.707385

Fournier A et al (2005) Breast cancer risk in relation to different types of hormone replacement therapy in the E3N-EPIC cohort. Int J Cancer 114:448–454. https://doi.org/10.1002/ijc.20710

Fournier A et al (2008) Unequal risks for breast cancer assosiated with different hormone replacement therapies: results from the E3N cohort study. Breast Cancer Res Treat 107:103–111. https://doi.org/10.1007/s10549-007-9523-x

Gallagher JC (2007) Effect of early menopause on bone mineral density and fractures. Menopause 714:371–378. https://doi.org/10.1097/gme.0b013e31804c793d

GBD (2018) Alcohol use and burden for 195 countries and territories, 1990–2016: a systematic analysis for the Global Burden of Disease Study 2016. Lancet 392:1015–35. https://doi.org/10.1016/S0140-6736(18)31310-2

Gompel A (2018) Progesterone, progestins and the endometrium in perimenopause and in menopausal hormone therapy. Climacteric 21(4):321–325. https://doi.org/10.1080/13697137.2018.1446932

Hodis H, Mack W (2011) A "Window of Opportunity": the reduction of coronary heart disease and total mortality with menopausal therapies is age and time dependent. Brain Res 1379:244–252. https://doi.org/10.1016/j.brainres.2010.10.076

https://www.aicr.org/wp-content/uploads/2020/01/breast-cancer-report-2017.pdf

https://www.aerztezeitung.de/Medizin/So-trunksuechtig-ist-Deutschland-375623.html

https://www.aicr.org/wp-content/uploads/2020/01/breast-cancer-report-2017.pdf

https://www.aerztezeitung.de/Medizin/So-trunksuechtig-ist-Deutschland-375623.html

Huang Z et al (1997) Dual effects of weight and weight gain on breast cancer risk. JAMA 278(17):1407–1411. https://doi.org/10.1001/jama.1997.03550170037029

Kuhl K (2005) Pharmacology of estrogens and progestogens: influence of different routes of administration. Climacteric 8(Suppl 1):3–63. https://doi.org/10.1080/13697130500148875

Lobo R (2018) A 17beta-estradiol progesterone oral capsule for vasomotor symptoms in postmenopausal women: a randomized controlled trial. Obstet Gynecol 132(1):161–170. https://doi.org/10.1097/AOG.0000000000002645

Lyytinen H et al (2009) Breast cancer risk in postmenopausal women using estradiol-progestogen therapy. Obst Gyn 113(1):65–73. https://doi.org/10.1097/AOG.0b013e31818e8cd6

Mosca L et al (2000) Awareness, perception, and knowledge of heart disease risk and prevention among women in the United States American Heart Association Women's Heart Disease and Stroke Campaign Task Force. Arch Fam Med 9(6):506–515. https://doi.org/10.1001/archfami.9.6.506

Mueck AO, et al (2002) Stoffwechsel und Hormonsubstitution. Rauchen, Estradiolstoffwechsel und Hormonsubstitution. Thieme.https://doi.org/10.1055/b-0034-18918

Mueck AO (2012) Postmenopausal hormone replacement therapy and cardiovascular desease: the value of transdermal estradiol and micronized progesterone. Climacteric 15(1):11–17

Mueck AO (2016) Transdermales Östradiol und Progesteron. Gynäkologische Endokrinologie 2017(15):65–72. https://doi.org/10.1007/s10304-016-0109-8

Neuhouser ML et al (2015) Overweight, obesity and postmenopausal invasive breast cancer risk: a secondary analysis of the health initiative randomized clinical trials. JAMA Oncol 1(5):611–621. https://doi.org/10.1001/jamaoncol.2015.1546

PEPI Trial, The Writing Group for the PEPI Trial (1996) Effects of hormone replacement therapy on endometrial histology in postmenopausal women. The Postmenopausal Estrogen/Progestin Interventions Trial. https://doi.org/10.1001/jama.1996.03530290040035

Roeters van Lennep JE et al (2016) Cardiovascular disease in women with premature ovarian insufficiency: a systematic review and meta-analysis. Eur J Prev Cardiol 2016(23):178–186. https://doi.org/10.1177/2047487314556004

Seeger H, Mueck AO (2010) Estradiol metabolites and their possible role in gynaecological cancer. J Reproduktionsmed Endokrinol 7(1):62

Smith-Warner S et al (1998) Alkohol and breast cancer in women. JAMA 279(7):535–540. https://doi.org/10.1001/jama.279.7.535

Thune I et al (1997) Physical activity and the risk of breast cancer. N Engl J Med 336(18):1269–1275

Townsend N (2016) Cardiovascular disease in Europe: epidemiological update 2016. Eur Heart J 37(42):3232–3245. https://doi.org/10.1093/eurheartj/ehw334

Vinogradova Y (2019) Use of hormone replacement therapy and risk of venous thromboembolism: nested case-control studies using the QResearch and CPRD databases. BMJ 364:K4810. https://doi.org/10.1136/bmj.k4810

Glossar

Adenomyose Eine Form der Endometriose. Bei Adenomyose kommt die Gebärmutterschleimhaut statt nur in der innersten Schicht der Gebärmutter auch in Inseln im Gebärmuttermuskel vor. Bei jeder Regel blutet auch diese Schleimhaut und verursacht dadurch starke Regelschmerzen.

Aderlass Eine früher weit verbreitete Heilmethode, die zirkulierende Blutmenge durch einen Einschnitt in eine Vene zu reduzieren. War bis Mitte des 19. Jahrhunderts das häufigste Heilmittel für die meisten schweren Krankheiten in der westlichen Welt. Heute wird der Aderlass nur zu speziellen therapeutischen Zwecken zugelassen, zum Beispiel bei einer Erkrankung des Eisenstoffwechsels. Das Blut wird unter sterilen Bedingungen mit Hilfe von Punktion einer Vene abgenommen, um eine Senkung des Eisengehaltes im Blut zu erreichen.

Adoleszenz Das Erwachsenwerden. Die Zeit zwischen der Kindheit und dem Erwachsensein, in der die psychische und körperliche Reife (inkl. die Geschlechtsreife) erreicht werden. In den USA versteht man darunter die „Teenager-Periode" (13–19 Jahre), in Europa eher die Zeit der Reife zwischen 16–24 Jahren.

Akne So wird ein entzündlicher Hautausschlag genannt, der vor allem in der Pubertät durch verstärkte Talgproduktion in der Haut entsteht, wobei durch eine Verhornungsstörung am Ende des Talgdrüsenfollikels die Öffnung zur Talgdrüse verstopft wird. Dieser fettige Pfropf, auch Mitesser genannt, kann sich entzünden und zu Pusteln führen.

Allopregnenolon Ein Neurosteroid, das bei der Verstoffwechslung von Progesteron entsteht und an den GABA-Rezeptor im Gehirn andockt. Dabei entfaltet diese Substanz meistens eine beruhigende, angstlösende und stressreduzierende Wirkung.

H. Löfqvist, *Hormontherapie in den Wechseljahren*,
https://doi.org/10.1007/978-3-662-62710-5

Anamnese Die Befragung des Patienten nach der Vorgeschichte von aktuellen Beschwerden durch den behandelnden Arzt oder durch anderes medizinisches Fachpersonal.

Androgene Männliche Sexualhormone, die für die männlichen Geschlechtsmerkmale und auch für die sexuelle Lust verantwortlich sind. Auch die Frau besitzt Androgene, aber nur ein Zehntel im Vergleich zum Mann.

Androgyn Ein Mann mit weiblichen oder eine Frau mit männlichen Eigenschaften bzw. Merkmalen.

Anorexie Auch Magersucht genannt. Essstörung mit Nahrungsverweigerung aufgrund krankhafter Wahrnehmung des eigenen Körpers und Furcht vor Gewichtszunahme.

Antidepressiva Medikamente, die zur Behandlung von Depressionen und anderen psychischen Störungen verwendet werden.

Apoptose Der programmierte Zelltod. Dabei werden Zellen, die für die Entwicklung und den Fortbestand des Organismus hinderlich oder schädlich sind, vom Organismus selbst gezielt entfernt.

Aromatase Ein Enzym, weit verbreitet in verschiedenen Zellen im Körper. Es vermittelt die Umwandlung von Androgenen zu Östrogenen.

Arteriosklerose Krankhafte Veränderung der arteriellen Blutgefäße durch Einlagerung von Fetten in der inneren Gefäßwand. Dadurch kommt es zur Verengung und durch Einlagerung von Calciumsalzen zur Verhärtung der Blutgefäße. Deshalb spricht man in der Umgangssprache oft von „Gefäßverkalkung".

Arthrose Eine degenerative Gelenksveränderung durch Abbau des Knorpels.

Asket Ein Mensch, der sich auf das Notwendigste beschränkt. Ein Asket entsagt aktiv und freiwillig dem Vergnügen und der Befriedigung von Gelüsten.

Atrophie Das Schrumpfen eines Gewebes, einer Zelle oder eines Organs mit daraus resultierender Funktionseinschränkung.

BHRT Ein englisches Akronym: **B**io-identical **H**ormone **R**eplacement **T**herapy. Eine ursprünglich in Amerika entwickelte Behandlung mit bio-identischen Hormongemischen nach vorhergehender Laboruntersuchung.

Bio-identische Hormone Sind Hormone, die mit einem Hormonmolekül des Menschen chemisch identisch sind und in der Hormontherapie verwendet werden.

Blasenschwäche (auch Harninkontinenz genannt) Bei Blasenschwäche kommt es zu unfreiwilligem Harnverlust, verursacht durch Beckenbodenschwäche, Funktionsstörungen in der Harnblase oder Entleerungsschwierigkeiten der Harnblase (Überlaufblase).

BMI Englisches Akronym für „**B**ody **M**ass **I**ndex": Kennzahl, welche die Relation des Körpergewichts zur Körpergröße angibt. Der BMI wird auf folgende Art berechnet: Körpermasse in Kilogramm dividiert durch das Quadrat der Körpergröße in Meter (normaler BMI: 18,5–25).

Burn-out Ein englischer Ausdruck für den Erschöpfungszustand bei Stress-Erkrankungen.

Steht im Zusammenhang mit dem Versagen der Kortisol-Produktion der Nebennieren. Burn-out kann zu lebenslanger psychischer und physischer Ermattung führen.

CEE Englisches Akronym für **C**onjugated **E**quine **E**strogens, auch Stutenöstrogene genannt, weil sie ursprünglich aus dem Urin von trächtigen Stuten gewonnen wurden. Sie werden vor allem in den USA bei der Behandlung von Wechselbeschwerden eingesetzt.

Chlamydieninfektion Eine sexuell übertragbare Infektion mit Chlamydienbakterien, die zu Unfruchtbarkeit führen kann. Eine Chlamydieninfektion kann völlig symptomlos sein oder sich bei Frauen durch Blutungen beim ungeschützten vaginalen Geschlechtsverkehr bemerkbar machen. Es kann auch zu eitrigem Ausfluss oder Brennen beim Wasserlassen kommen. Es ist sehr wichtig, alle angesteckten Partner zu behandeln. Mit Antibiotika kann eine vollständige Heilung erzielt werden.

Cholesterol (auch Cholesterin genannt) Ein fetthaltiger Naturstoff, der in allen menschlichen Zellen vorkommt und besonders wichtig für den Aufbau von Steroidhormonen wie zum Beispiel Kortisol oder Sexualhormonen ist. Die Synthese von Cholesterol für den Aufbau der Zellmembran erfolgt in jeder Zelle durch zahlreiche enzymatische Schritte. Besonders wichtig ist Cholesterol für alle Nervenzellen. Es wird hauptsächlich im menschlichen Körper selbst produziert und nur zu einem geringen Teil durch die Nahrung aufgenommen.

Choriongonadotropin (auch HCG genannt) Hormon, das nur während der Schwangerschaft in der Placenta produziert wird. Es übernimmt die Kontrolle über das Wachstum des heranwachsenden Fötus. Mit einer Harnprobe kann die Frau schon zwei Wochen nach der Befruchtung humanes Choriongonadotropin, verkürzt HCG genannt, nachweisen, und damit eine Schwangerschaft feststellen. Der HCG-Blut-Spiegel steigt in den ersten zehn Wochen der Schwangerschaft sehr steil an und hält die Produktion von Progesteron im Corpus luteum des Eierstocks intakt bis die Placenta diese Progesteronproduktion übernehmen kann.

Chromosomen DNA-Moleküle im menschlichen Zellkern. Enthalten die für die Vererbung notwendige genetische Information. 23 Chromosomen sind von der Mutter und 23 vom Vater. Im letzten Chromosomenpaar wird das Geschlecht festgelegt. Beim Vorhandensein eines Chromosomenpaares XX entsteht ein Mädchen und bei XY ein Knabe.

Circulus vitiosus Ein Teufelskreis, aus dem man nicht herauskommt, weil jeder Lösungsversuch neue Probleme nach sich zieht.

Compounded drugs In der Apotheke hergestellte Hormongemische. Die Rezeptur wird von einem für die Dosierung verantwortlichen Arzt erstellt. Andere Bezeichnung: Magistraliter Hormon-Rezeptur.

Corpus luteum oder Gelbkörper Ein hormonproduzierender Teil des Eierstocks. Wird nach dem Eisprung aus den Zellen des geplatzten Follikels gebildet. Das Corpus luteum (= der gelbe Körper – wegen seiner gelben Farbe) produziert Östrogen und, in steigender Menge, das Hormon Progesteron, das auch

Gelbkörperhormon genannt wird. Wenn eine Schwangerschaft eintritt, wird im Corpus luteum die Progesteronproduktion fortgesetzt. Falls keine Schwangerschaft eintritt, bildet sich das Corpus luteum nach 2 Wochen wieder zurück und die Progesteronproduktion nimmt ab.

Demenz Eine Reduktion und das allmähliche Verschwinden der kognitiven Gehirnfunktionen. Es gibt verschiedene Formen der Demenz, wobei die Alzheimer-Erkrankung die bekannteste ist.

DHEA Akronym für **D**e**h**ydro**e**pi**a**ndrosteron. Das am häufigsten vorkommende Steroidhormon im menschlichen Körper. Bei Frauen wird DHEA hauptsächlich in der Nebennierenrinde, aber auch im Eierstock produziert. DHEA ist die Vorstufe zu den weiblichen und männlichen Sexualhormonen, die in den Zellen des Gewebes, wo sie gebraucht werden, durch den Mechanismus der Intrakrinologie produziert werden können.

Diabetes Meistens verwendet als Abkürzung für Diabetes mellitus, die Zuckerkrankheit. Dabei ist der Blutzuckerspiegel durch einen Mangel an Insulin erhöht. Es gibt zwei verschiedene Formen: Bei Typ 1 werden die insulinproduzierenden Zellen in der Bauchspeicheldrüse fast immer durch eine Autoimmunerkrankung zerstört, bei Typ 2 entsteht durch lange Belastung mit erhöhtem Blutzucker eine Insulinresistenz, wobei der Insulinspiegel sogar anfangs erhöht ist. Die insulinproduzierenden Zellen der Bauchspeicheldrüse werden dabei erschöpft und führen zu einem Insulinmangelzustand und zur Zuckerkrankheit. Diabetes mellitus Typ 2 ist ein Teil des sog. metabolischen Syndroms, und ist durch einen gesunden Lebensstil weitgehend vermeidbar. Neben dem Diabetes mellitus gibt es auch noch den Diabetes insipidus, eine eher ungewöhnliche Krankheit der Hypophyse, bei der ein für die Konzentration von Urin und das Beibehalten von Körperflüssigkeit verantwortliches Hormon fehlt. Dadurch kommt es zu großen Urinausscheidungen.

Dihydrotestosteron Ein starkes, biologisch aktives androgenes Hormon, das aus Testosteron gebildet wird und stärkere vermännlichende Effekte als Testosteron hat.

Dinner cancelling Verzicht auf das Abendessen. Die letzte Mahlzeit soll vor 16 Uhr eingenommen werden. Eine populäre Methode zur Gewichtsreduktion und Gesundheitserhaltung.

DNA oder DNS Akronym für **d**eoxyribo**n**ucleic **a**cid (englisch) oder **D**esoxyribo**n**ucleins**ä**ure (deutsch). In Form einer Doppelhelix, enthält die genetische Information für Entwicklung, Wachstum und Reproduktion jeder Zelle. Die Bausteine der DNS sind die vier verschiedenen sog. Nucleotide aus Phosphatrest, aus dem Zucker Desoxyribose und aus jeweils einer der vier organischen Basen (Adenin, Thymin, Guanin und Cytosin).

Dopamin Eine Signalsubstanz im Nervensystem, verantwortlich für die Informationsübermittlung von einer Nervenzelle zur anderen, vor allem für die Kontrolle motorischer Impulse.

Drüse Ein Organ im Körper, das ein Sekret produziert und ausschüttet. Es gibt hormonproduzierende Drüsen wie zum Beispiel die Bauchspeicheldrüse oder die Schilddrüse.

Dydrogesteron Ein Progesteron-ähnliches Gestagen, wird auch als Spiegelbild von natürlichem Progesteron bezeichnet. Dydrogesteron ist seit vielen Jahren ein oft verwendetes Hormon bei Menstruationsstörungen. Es kann auch in der Schwangerschaft verwendet werden, vor allem, wenn das Risiko einer Fehlgeburt besteht, und ist heute eines der meistverschriebenen Progesteron-ähnlichen Medikamente für den Schutz der Gebärmutterschleimhaut bei gleichzeitiger Östrogenbehandlung gegen Wechselbeschwerden. Im Vergleich mit anderen Gestagenen zeichnet sich Dydrogesteron durch günstige Einflüsse auf Blutgefäße und Brustgewebe aus.

EMA Akronym für **E**uropean **M**edicines **A**gency (englisch), die Europäische Arzneimittel Agentur, zuständig für die Zulassung und Überwachung von Arzneimitteln in der EU.

Embryo Die in der Gebärmutterschleimhaut eingenistete Keimblase, bis etwa 60 Tage nach der Befruchtung die Placenta das Kommando für die Entwicklung des heranwachsenden Babys übernimmt. Danach wird der Embryo als Fötus bezeichnet.

E3N Akronym für **É**tude **E**pidémiologique auprès de femmes de la Mutuelle Générale de l'**É**ducation **n**ationale (französisch). Eine französische Beobachtungsstudie an ca. 100 000 Frauen, hauptsächlich Lehrerinnen im Alter von 40–65 Jahren in Frankreich, beginnend im Jahr 1990. Jedes 2. bis 3. Jahr kontaktierte man jede Teilnehmerin mit einem Fragebogen. Auf diese Weise konnte man Gesundheit, Lebensstil, altersbezogene Krankheiten und die Überlebensrate der Teilnehmerinnen beobachten. Die Studie wird oft im Zusammenhang mit dem Brustkrebsrisiko genannt.

Endometrium Die lateinische Bezeichnung für die Gebärmutterschleimhaut.

Endometrium-Biopsie Entnahme und Untersuchung einer Gewebeprobe aus dem Endometrium. Die Entnahme erfolgt bei einer gynäkologischen Untersuchung, indem man einen dünnen Katheter durch den Gebärmutterhals führt. Die Gewebeprobe wird im Labor mikroskopisch auf pathologische Veränderungen untersucht.

Endometriose Chronische Krankheit, bei der Gebärmutterschleimhaut-ähnliches Gewebe außerhalb der Gebärmutter wächst und auf gleiche Weise hormonellen Einflüssen ausgesetzt ist wie das Endometrium. Bei Blutungen dieser Schleimhaut können Narben und Verwachsungen mit anderen Organen entstehen. Endometriose kann unter anderem zu Bauchschmerzen, Regelschmerzen, Schmerzen beim Geschlechtsverkehr und zu Kinderlosigkeit führen. Laut Statistik entwickeln 10–15 % aller Frauen in den fertilen Jahren eine Endometriose.

Endoprothese Künstlicher Ersatz eines Gelenks.

Endorphin Das · körpereigene Morphin zur Schmerzbekämpfung. Bestimmte Körperempfindungen wie zum Beispiel große körperliche Anstrengungen („Runner's High") können eine Euphorie auslösen. Dieses Glücksgefühl wird wahrscheinlich durch eine körpereigene Endorphin-Ausschüttung ausgelöst.

Enterohepatischer Kreislauf Kreislauf, bei dem Substanzen von der Leber durch die Galle zum Dünndarm ausgeschieden werden, dort resorbiert werden und so wieder zur Leber zurückkehren.

Enzyme Komplexe Eiweißverbindungen, die im Stoffwechsel biochemische Reaktionen zwischen verschiedenen Stoffen beschleunigen. Durch Enzyme wird ein Substrat in ein neues Produkt umgewandelt. Ein gutes Beispiel ist das Enzym Aromatase (siehe oben). Es verwandelt Testosteron zu Östradiol.

Epigenetik Eine neue Wissenschaft, die erforscht, wie Veränderungen in unseren Genen durch Umwelteinflüsse und auch durch Hormone zum Ausdruck kommen. Diese Veränderungen können ohne Mutation – also ohne Veränderungen der Sequenz der Gene – weitervererbt werden.

Ethinylöstradiol Ein synthetisch verändertes Östrogen, hauptsächlich in der „Pille" verwendet. Ethinylöstradiol ist ein sehr potentes Östrogen. Es bleibt lange im Körper. Während das natürliche Östradiol schon nach einer Leberpassage verstoffwechselt wird, passiert Ethinylöstradiol die Leber ca. zwanzigmal, bevor es ausgeschieden wird.

Evidenz-basierte Richtlinien In der seriösen Forschung notwendige Kriterien für den Beweis einer Theorie durch das methodisch-systematische Sammeln von Daten.

FDA Akronym für **F**ood and **D**rug **A**dministration (englisch), die amerikanische Behörde für Lebensmittel- und Arzneimittelüberwachung in der Human- und Tiermedizin. Sie ist dem amerikanischen Gesundheitsministerium unterstellt. Die FDA kontrolliert nicht nur die Sicherheit und Wirksamkeit von Arzneimitteln und Lebensmitteln, sondern auch die Qualität medizinischer Produkte und strahlenemittierender Geräte.

Fötus Ein sich normal entwickelnder Embryo wird 60 Tage nach der Befruchtung zum Fötus. Die meisten Organe sind schon angelegt, müssen aber weiter differenziert und entwickelt werden. Der Fötus wächst unter dem Einfluss der Schwangerschaftshormone weiter bis zur Geburt neun Monate nach der letzten Regel der Frau.

Follikel Auch Eibläschen genannt. Eine Struktur im Eierstock, in der sich die Keimzelle ungestört entwickeln kann. Der Follikel enthält Bläschenflüssigkeit und östrogenproduzierende Granulosazellen, die für die Reifung des Follikels bis zum Eisprung verantwortlich sind.

Follikelphase Die Reifungsphase des Follikels mit der Keimzelle bis zum Eisprung.

FSAD Akronym für **f**emale **s**exual **a**rousal **d**isorder (englisch), bedeutet geringe Fähigkeit zu sexueller Erregung und Reaktion – im Gegensatz zu HSDD (**hypo**active **s**exual **d**esire **d**isorder), bei der von Anfang an die sexuelle Lust und das Interesse an sexuellen Aktivitäten fehlen.

Funktionelle Zysten Eine funktionelle Zyste entsteht bei geschlechtsreifen Frauen im Eierstock bei gestörten hormonellen Regelkreisen oder als Nebenwirkung einer Hormontherapie. Eine typische Follikelzyste entsteht beim Ausbleiben des Eisprunges. Funktionelle Zysten sind ungefährlich und verschwinden oft von selbst.

Gabapentin Ein Arzneimittel gegen Epilepsie, das die Krampfschwelle erhöht. Es wird auch bei Nervenerkrankungen und Nervenschmerzen eingesetzt. Gabapentin wird manchmal verordnet, wenn Frauen Östrogene nicht verwenden dürfen, aber unter starken Wechselbeschwerden leiden.

GABA-Rezeptor GABA ist ein Akronym für **G**amma **A**mino**b**utyric **A**cid (englisch). Dieser Rezeptor ist der wichtigste inhibitorische Rezeptor im Gehirn. Er ist für Beruhigung, Angstlösung und Muskelentspannung verantwortlich. Man kennt aber auch eine paradoxe Reaktion, durch die es bei Aktivierung des GABA-Rezeptors statt zur erwarteten Entspannung zu einer erhöhten Unruhe kommt. Man nimmt dabei genetische oder epigenetische Abweichungen an.

Das Hormon Progesteron wirkt auf den GABA Rezeptor.

Genom Die gesamte Erbinformation einer Zelle.

Gerinnungsfaktoren bei Blutgerinnung oder Hämostase Proteine, die bei Aktivierung zu Fibrin- und Gerinnselbildung führen. Sie sind Grundlage der plasmatischen (das heißt, durch Plasmaproteine hervorgerufenen) Blutgerinnung. Bei einer akuten Blutung kommt es durch Thrombozyten zuerst zur primären Hämostase (= Stoppen der Blutung). Danach folgt die hier beschriebene sekundäre Blutgerinnung. Ein Gerinnungsfaktor aktiviert den nächsten, wobei es zur Gerinnungskaskade kommt, die mit der Bildung eines stabilen Thrombus endet.

Gestagene Synthetisch umgewandelte Progesteron-Moleküle, deren Ursprung Progesteron ist. Durch Veränderung des ursprünglichen Progesteron-Moleküls entstehen neue Eigenschaften, die in der Gynäkologie therapeutisch vor allem zur hormonellen Schwangerschaftsverhütung genutzt werden.

Ghrelin Das im Magen und der Bauchspeicheldrüse produzierte appetitanregende Hormon. Es steigt in Hungerphasen. Schlafmangel stimuliert die Ausschüttung von Ghrelin und kann zu Gewichtszunahme beitragen.

Glukagon Ein Gegenspieler des Insulins, der in den Alpha-Zellen der Bauchspeicheldrüse gebildet wird und dafür sorgt, dass der Blutzuckerspiegel nicht bedrohlich niedrig wird, indem es den Blutzucker aus den Speicherzellen mobilisiert.

Gluten Bestandteil der Weizenkleber-Eiweiße, Sammelbegriff für Gluteline und Prolamine. Im Weizen gehören zu diesen Gruppen das Gliadin und das Glutenin. Gluten ist beim Brotbacken für die Konsistenz des Teigs wichtig.

Glutenintoleranz Heißt auch Glutensensitivität und ist eine nicht allergische Funktionsstörung mit ähnlichen Symptomen wie Zöliakie. Im Gegensatz zur Zöliakie – einer Autoimmunerkrankung mit nachweisbaren Auto-Antikörpern und Schädigungen der Darmzotten – fehlen diese genannten Zeichen bei Glutenintoleranz. Die Symptome wie Bauchschmerzen, Blähungen, Durchfall,

Verstopfung und Hautekzeme sind milder als bei Zöliakie. Durch Vermeidung von Glutenaufnahme mit der Nahrung kann eine Verbesserung der Symptome erreicht werden.

Gonorrhoe Eine sexuell übertragbare bakterielle Infektionskrankheit durch Gonokokken. Sie befällt die Schleimhaut von Harn- und Geschlechtsorganen und kann mit Antibiotika behandelt werden. Dabei ist die Partnerbehandlung ebenso wichtig.

Herzinfarkt Eine lebensbedrohliche, akute Herzerkrankung, bei welcher ein Verschluss oder eine starke Verengung einer Herzkranzarterie die Blutversorgung in einem Teil des Herzmuskels unterbricht.

Herz-Kreislauf-Erkrankungen Die Volkskrankheit schlechthin und die Todesursache Nummer Eins in der westlichen Welt. Zu den Herz-Kreislauf-Erkrankungen gehören vor allem die Erkrankungen der Herzkranzgefäße und der Bluthochdruck.

Hirsutismus Eine „männliche" Verteilung der Körperbehaarung bei Frauen. Die Ursache kann genetisch bedingt sein, ist jedoch meist Folge einer vermehrten Androgenproduktion. Bei Hirsutismus ist die Behaarung im Gesicht auf Oberlippe und Kinn ausgeprägt. Die vermehrte Behaarung ist auch im oberen Brustbereich und vom Nabel in der Mittellinie zwickelförmig bis zu den Schamhaaren mit Ausdehnung auf die Oberschenkel zu sehen.

HSDD Akronym für **h**ypoactive **s**exual **d**esire/**d**isorder (englisch). Hier fehlen von Anfang an sexuelle Lust, Fantasie und das Interesse an sexuellen Aktivitäten.

Human-identisch Entspricht dem Menschen. Hier im Zusammenhang mit Hormonen, die in ihrer Struktur genau wie die natürlichen Hormone des Menschen beschaffen sind.

Hypertonie Erhöhter Blutdruck in den Schlagadern des Kreislaufs.

Hyperplasie Zunahme der Anzahl von Zellen in einem Gewebe. In der Gynäkologie spricht man oft von einer Zunahme der Anzahl von Schleimhautzellen in der Gebärmutter und gleichzeitiger Verdickung der Schleimhaut unter Östrogen-Einfluss.

Hypophyse Die Hirnanhangsdrüse an der Basis des Gehirns. Sie wird vom Hypothalamus gesteuert und ist die zentrale Schaltstelle der Regelkreise vieler Hormonsysteme.

Immunologische Kompatibilität Das Zusammenpassen verschiedener Gewebe z. B. bei Organtransplantationen. Der Körper soll das fremde biologische Material tolerieren können.

Immunsystem Das körpereigene Abwehrsystem gegen schädliche Krankheitserreger von außen (Bakterien, Viren, usw.) oder von innen. Kranke Zellen werden durch das Immunsystem entweder abgebaut (Nekrose) oder bauen sich selbst ab (Apoptose). Man unterscheidet eine erregerunspezifische und eine erregerspezifische Abwehr im Immunsystem. Das Immunsystem besteht aus dem humoralen (Antikörper in Körperflüssigkeiten) und dem zellulären Immunsystem (durch Blutzellen) und einem komplexen Zusammenwirken der verschiedenen Teile.

IMS Akronym für **I**nternational **M**enopause **S**ociety (englisch). Eine weltweit tätige Gesellschaft mit dem Ziel, die Gesundheitsaspekte der Frau von der Mitte ihres Lebens an zu untersuchen und evidenzbasiertes Wissen zu vermitteln.

Indikation Im medizinischen Zusammenhang: Heilanzeige. Die Grund für eine medizinische Behandlung.

Individualismus Rücksichtnahme auf die Einzigartigkeit des jeweiligen Menschen.

Insulin Insulin ist ein lebenswichtiges Hormon für die Steuerung des Blutzuckerspiegels und sorgt dafür, dass der Blutzucker in die Zellen transportiert wird, um Energie zu speichern oder zu verbrauchen. Dieses Hormon ist auch für den Eiweißaufbau in der Zelle verantwortlich, stimuliert den Auf- und Einbau von Fetten in die Fettspeicher und hemmt den Abbau von Fett.

Insulinresistenz Bei Insulinresistenz können Insulin-abhängige Zellen nicht mehr normal auf ein Überangebot von Blutzucker reagieren. Ursache dafür ist eine geringere Insulinsensitivität der Körperzellen. Daher produziert die Bauchspeicheldrüse mehr Insulin und der Insulinspiegel im Blut steigt. Insulin wirkt fettaufbauend, um Glukose aus dem Blut zu entfernen. Bei Insulinresistenz nimmt der Mensch an Gewicht zu, wenn nicht als erste Maßnahme die Zufuhr von Kohlenhydraten eingeschränkt wird.

Insulinsensitivität Die Empfindlichkeit der Körperzellen gegenüber Insulin.

Interleukin-6 Ein wichtiger Faktor der Immunabwehr bei Entzündungsreaktionen, der die Funktionen der verschiedenen komplexen Komponenten des Immunsystems reguliert.

Intrakrinologie Aktivierung oder Inaktivierung eines Hormons „vor Ort“ durch die Zielzelle. Dieser Begriff wurde von F. Labrie (1937–2019) verwendet. Damit meinte er folgendes: Das Vorläuferhormon DHEA wird statt in einer Drüse direkt im Gewebe zu den aktiven Formen Testosteron und Östrogen umgewandelt. Damit wirkt das Hormon DHEA in der gleichen Zelle wie diese Hormone.

Jo-Jo Effekt Unerwünschte Gewichtszunahme nach einer Reduktionsdiät, die eigentlich zu einer dauerhaften Gewichtsabnahme führen sollte, aber nur kurzfristig Erfolg zeigt. Das Körpergewicht pendelt wie ein Jo-Jo auf und ab, wobei das Endgewicht letztlich höher ist als das ursprüngliche Ausgangsgewicht. Der Ausdruck leitet sich ab von dem Spielzeug namens Jo-Jo mit zwei Scheiben und einer befestigten und aufgewickelten Schnur, mit der man die rotierenden Scheiben auf und abwärts bewegt.

Klonen Erzeugung eines oder mehrerer genetisch identischer Lebewesen. Heute versteht man unter Klonen die Entwicklung eines neuen Organismus durch den sog. Nukleus-Transfer. Dabei entnimmt man einer Zelle den Zellkern und setzt ihn in eine unbefruchtete Eizelle, deren Zellkern entfernt wurde, ein.

Kortisol Unser wichtigstes Stresshormon, wird in der Nebennierenrinde gebildet. Es hilft uns beim Überleben durch Blutdrucksteigerung und durch Mobilisierung von Zucker. Es wirkt entzündungshemmend und dämpft das Immunsystem. Das alles ist wichtig, um Stress bei körperlicher und psychischer Anstrengung bewältigen zu können. Bei chronischem Stress führt ein Überschuss von Kortisol jedoch zum Abbau von Muskeln und Knochen und fördert die Zunahme von Körperfett und Diabetes.

Kürettage Auskratzung, Abrasio (lateinisch). Dabei wird die Gebärmutterschleimhaut abgeschabt und für eine histologische Diagnose des Gewebes an ein Labor geschickt.

Leptin Auch „Sättigungshormon" genannt, weil es das Signal der Sättigung an das Gehirn sendet. Es wird in den Fettzellen produziert. Niedrige Leptinspiegel führen zu Hungergefühl und hohe Leptinspiegel normalerweise zu Sättigung.

Levonorgestrel (Lg) Ein Gestagen mit anti-östrogenen und androgenen Eigenschaften. Es wird in den Wechseljahren in zwei verschiedenen speziellen Applikationen verwendet: 1. in der Hormonspirale, 2. in einem Kombinationspflaster mit Östradiol. Bei gleichzeitiger Behandlung mit Östrogen gegen Wechselbeschwerden schützt Levonorgestrel die Gebärmutterschleimhaut in hohem Maße vor Hyperplasie und anderen unerwünschten Veränderungen.

Libidoverlust Das Fehlen sexueller Lust.

Lungenembolie Lungeninfarkt, Verschluss eines Blutgefäßes in der Lunge. Ein lebensbedrohlicher Zustand, der zu schwerer Atemnot führen kann. Wenn sich ein Blutgerinnsel in einer peripheren Vene – zum Beispiel in der Wade – loslöst, kann es durch den venösen Blutkreislauf über das Herz in die Lungengefäße gelangen und diese verschließen.

Lutealphase Die Zeit nach dem Eisprung bis zur Menstruation. Der Name stammt von der Bezeichnung „Corpus luteum" oder „Gelbkörper", welcher sich nach dem Eisprung im Eierstock bildet und Progesteron produziert.

MHT Akronym für **M**enopause **H**ormone **T**herapy (englisch), die Behandlung mit Hormonen in den Wechseljahren.

Melatonin Ein Produkt des Tryptophan-Serotonin-Stoffwechsels, das bei Dunkelheit in der Zirbeldrüse im Gehirn produziert wird und für unseren gesunden Schlaf verantwortlich ist. Sein Einfluss nimmt im Laufe des Lebens ab. Melatonin ist für die Erholung und Regeneration des Organismus sehr wichtig.

Menarche Die erste Menstruation im Leben einer Frau.

Menopause Bei der Frau im Wechsel die definitiv letzte Monatsblutung der Gebärmutter, in deren Folge ein Jahr lang keine Regelblutung mehr aufgetreten ist – im Durchschnitt mit 51 Jahren.

Menstruation Die monatliche Blutung der Frau von der Menarche bis zur Menopause. Sie kehrt normalerweise nach 28 ± 5 Tagen wieder, wenn keine Schwangerschaft eintritt. Bei der Menstruation wird die zuvor aufgebaute und gereifte Gebärmutterschleimhaut periodisch abgestoßen.

Metabolisches Syndrom Kombination von Fettleibigkeit, vor allem im Bauchbereich, erhöhtem arteriellen Blutdruck, Fettstoffwechselstörung und Insulinresistenz. Eine große Rolle spielt dabei das Fettdepot im Bauchraum. Dieses innere Bauchfett ist sehr stoffwechselaktiv und beeinflusst den Fett- und Kohlenhydratstoffwechsel negativ. Ursache des metabolischen Syndroms ist eine jahrelange

Dysbalance von erhöhter Energiezufuhr und zu geringem Energieverbrauch, mit anderen Worten: zu viel Nahrung und zu wenig Bewegung. Es ist die Wohlstandserkrankung der westlichen Welt.

Mikronisierung Verkleinerung der Partikelgröße, zum Bespiel bei Progesteron. Damit wird eine bessere Resorption erzielt.

Molekül Ein aus zwei oder mehreren Atomen zusammengesetztes Teilchen, zum Beispiel das Wassermolekül, das aus einem Sauerstoffatom und zwei Wasserstoffatomen besteht (H_2O).

MPA Akronym für **M**edroxi**p**rogesteron**a**cetat, ein Gestagen, das traditionell sehr oft bei der Therapie von Blutungsstörungen und als Schutz der Gebärmutterschleimhaut bei gleichzeitiger Östrogenbehandlung verwendet wird. MPA wurde in der WHI-Studie als Gestagen in der Gruppe jener Frauen verwendet, bei denen die Gebärmutter nicht entfernt war.

NCD Akronym für **N**on **C**ommunicable **D**iseases (englisch). Das ist eine Gruppe von Krankheiten wie Herz-Kreislauf-Erkrankungen, Krebs, chronische Atemwegserkrankungen, Diabetes Typ 2 und psychische Störungen, die für 70–80 % aller Todesfälle in der Welt verantwortlich sind, aber nicht von Mensch zu Mensch oder von Tier zu Mensch übertragen werden können. Durch einen ungesunden Lebensstil mit Nikotin- und Alkoholmissbrauch, zu wenig Bewegung und ungesunder Ernährung erhöht sich das Risiko für NCD und frühem Tod.

Nebennierenrindeninsuffizienz (NNR-Insuffizienz) Unterfunktion der Nebennierenrinde mit zu geringer Produktion von Hormonen (Kortisol, Aldosteron und Sexualhormone). Die Ursachen können sehr unterschiedlich sein. Wenn die Hormonproduktion in der Nebennierenrinde eingeschränkt ist, spricht man von primärer NNR-Insuffizienz oder Morbus Addison. Bei der sekundären NNR-Insuffizienz sind die Signale für die Hormonproduktion in der NNR beeinträchtigt, verursacht durch krankhafte Veränderungen der Hypophyse, der übergeordneten Schaltstelle im Gehirn. Schließlich gibt es auch noch die tertiäre NNR-Insuffizienz, bei der die Schaltstelle im Hypothalamus unterdrückt oder geschädigt ist und die Hypophyse dadurch zu wenig zur Hormonproduktion angeregt wird. Der endokrine Regelkreis Nebennierenrinde – Zelle – Hypothalamus – Hypophyse und wieder zurück zur Nebennierenrinde wird auch HPA-Achse, **h**ypothalamic **p**ituitary **a**drenal axis (englisch), genannt.

NETA Akronym für **Noret**histeron-**A**cetat. Ein Gestagen, das in der Gynäkologie oft bei der Behandlung von Blutungsstörungen entweder als orales Verhütungsmittel allein („Mini-Pille") oder zusammen mit Östrogenen (kombinierte „Pille") verwendet wird. Es gibt auch orale Tablettenkombinationen von Östradiol und NETA zur Behandlung von Wechselbeschwerden.

Noradrenalin Stresshormon, wird zusammen mit dem damit eng verwandten Adrenalin bei akutem Stress ausgeschüttet. Noradrenalin und Adrenalin werden im Nebennierenmark gebildet und lösen bei ihrer Aktivierung eine unmittelbare Fluchtreaktion aus. Dabei kommt es zu Gefäßverengung und zu einem Anstieg von Blutdruck und Herzfrequenz. Noradrenalin ist auch ein sogenannter Neurotransmitter, der im Nervensystem produziert wird und als Überträgersubstanz im sympathischen Nervensystem wirkt.

Östrogen Ein Sammelbegriff für die weiblichen Hormone im menschlichen Körper. Unter ihnen ist Östradiol das wirksamste Hormon. Östrogene gibt es bei Mann und Frau. Sie sind eine Voraussetzung für den Aufbau und die Funktion des Stützgewebes im gesamten Körper und wichtig für zahlreiche Funktionen des Gehirns. Bei der Frau ist Östrogen besonders bedeutend für die Entwicklung und Funktion der weiblichen Geschlechtsorgane. Ohne Östrogen kann es zu keiner Schwangerschaft kommen.

Opioide Morphin-ähnliche Substanzen, die an Opioid-Rezeptoren binden und zur Schmerzlinderung führen. Der Körper hat körpereigene (= endogene) Opioide, die im Rahmen der Stressreaktion aktiviert werden.

Orthorexie Krankhaftes Essverhalten mit zwanghafter Fixierung auf gesundes Essen und mit übertriebener Kontrolle der täglichen Nahrungsaufnahme. Die restriktiven Ernährungsprinzipien werden vom Betroffenen selbst definiert, schränken aber seine Lebensqualität ein und isolieren ihn mehr und mehr von der Umwelt.

Osteoporose Knochenschwund, eine Störung des Knochenstoffwechsels, die zu einer Abnahme der Knochendichte des Knochengewebes führt. Dadurch wird das Knochengewebe vor allem der Wirbelsäule, der Hüften und der Handgelenke porös und zerbrechlich. Erbliche Faktoren, Lebensstil und viele verschiedene Erkrankungen können Osteoporose fördern. Bei Frauen hat das Absinken der Geschlechtshormone nach der Menopause einen starken Einfluss auf die Entwicklung einer Osteoporose.

Ovarialfollikel Die Keimblase im Eierstock.

Ovarialzyste Eine mit Flüssigkeit gefüllte Blase im Eierstock.

Oxytocin Ein für die Schwangerschaft und Stillzeit wichtiges Hormon, das im Hypophysen-Hinterlappen produziert wird. Es aktiviert die Kontraktionen der Gebärmutter während der Geburt und stimuliert die Milchdrüsen der Frau beim Stillen. Hohe Oxytocinkonzentrationen erzeugen ein Gefühl der Harmonie und Zusammengehörigkeit („Kuschelhormon").

Papillomaviren Eine Gruppe von DNA-Viren, von denen bisher mehr als 100 Stämme bekannt sind. Sie rufen Schleimhaut- und Hautveränderungen meist in Form von Warzenbildungen hervor und sind normalerweise gutartig. Einige Stämme sind jedoch für ihren krebserregenden Effekt bekannt und sind verantwortlich für das Entstehen von Gebärmutterhalskrebs.

PCOS Akronym für **P**oly**c**ystic **O**vary **S**yndrome (englisch), das Polyzystische Ovar-Syndrom. In den meist vergrößerten Eierstöcken können hier viele unreife Eizellen gefunden werden. Zyklusstörungen und erhöhte Androgenspiegel mit Hirsutismus, Vermännlichung und Akne kommen vor, vor allem bei jungen Frauen. PCOS kann das hormonelle Gleichgewicht stören und zu

Unfruchtbarkeit und zum metabolen Syndrom führen. PCOS-Frauen neigen zu Übergewicht und Insulinresistenz.

Perimenopause Die Phase üblicherweise 1–2 Jahre vor und nach dem Aufhören der Menstruation. In der Perimenopause kommen die stärksten Wechselbeschwerden vor. Sie hängen mit der Dysbalance und der nachlassenden Produktion von Hormonen in den Eierstöcken zusammen.

Personalized Medicine Englischer Ausdruck für individuelle Behandlung, wie auch „Precision Medicine". Beide Begriffe werden ähnlich verwendet.

Phytoöstrogene Eine Gruppe Östrogen-ähnlicher sekundäre Pflanzeninhaltsstoffe, die in Rotklee, Sojabohnen, Leinsamen und mehreren anderen Pflanzen vorkommen. Phytoöstrogene können an die Östrogenrezeptoren andocken und auf diese Weise ähnlich wie Östrogene entweder stimulierend oder hemmend auf die Zelle wirken. Es gibt Phytoöstrogene mit östrogenen und auch antiöstrogenen Eigenschaften.

Placebo Bedeutet auf Latein eigentlich „Ich werde gefallen". Ein Arzneimittel ohne pharmakologischen Inhaltsstoff, aber in einer für Medikamente üblichen Darreichungsform.

Plazenta Auch Mutterkuchen genannt. Besteht aus embryonalem und mütterlichem Gewebe, versorgt den Fötus während der Schwangerschaft mit Nährstoffen, ist für den Gasaustausch und die Entsorgung von Sekretionsprodukten zuständig und produziert Hormone für die Erhaltung der Schwangerschaft.

PMS und PMDS Akronym für **P**rä**m**enstruelles **S**yndrom oder **P**re**m**enstrual **D**ysphoric **S**yndrome (englisch). Komplexe psychische und körperliche Beschwerden, die in der Lutealphase nach dem Eisprung bis zur nächsten Menstruation auftreten.

POI Akronym für **p**remature **o**varian **i**nsufficiency (englisch). Nachlassen der Eierstockfunktion schon vor dem 40. Lebensjahr und damit vorzeitige Menopause. Dafür gibt es viele mögliche Ursachen. Die Diagnose wird gestellt mittels biochemischer Kriterien (niedriger Östradiolspiegel, signifikant erhöhtes FSH bei zwei Untersuchungen im Abstand von 4 Wochen) und anhand des klinischen Bildes mit fehlender oder sehr seltener Menstruation. POI muss mit einer Hormonersatztherapie behandelt werden, um Schäden durch einen vorzeitigen Hormonmangel, vor allem an Östradiol, zu vermeiden.

Precision Medicine Englischer Ausdruck für eine medizinisch präzise individuelle Behandlung. Es werden dabei die genetischen Voraussetzungen, Umwelteinflüsse und der Lebensstil des Individuums besonders berücksichtigt (siehe auch Personalized Medicine).

Progesteron Dieses Steroidhormon wird hauptsächlich im Corpus luteum des Eierstocks, in Nebennierenrinde, Gehirn sowie in der Plazenta gebildet. Progesteron ist das Schwangerschaftshormon schlechthin, hat aber auch außerhalb der Schwangerschaft große Bedeutung. Es fördert die Umwandlung der Gebärmutterschleimhaut vom Eisprung bis zur Menstruation und schützt die Gebärmutterschleimhaut vor unkontrolliertem Wachstum durch Östrogeneinfluss.

Progesteron ist wichtig für die Ausreifung der Brustzellen. Es schützt Nerven, Blutgefäße und Bindegewebe und hat eine beruhigende und angstlösende Wirkung.

Prolaktin Das Hormon für das Stillen. Wird am Ende der Schwangerschaft zunehmend im Hypophysenvorderlappen gebildet. Wenn das Baby an der Brust saugt, wird Prolaktin ausgeschüttet und die Milchproduktion bei der Mutter angeregt.

Pubarche Die Entwicklung der Scham- und Axelbehaarung durch Einfluss von männlichen Hormonen während der Pubertät.

Pubertät Phase der Geschlechtsreifung, die zur Fortpflanzungsfähigkeit führt. Beim Mädchen entwickeln sich durch starken Östrogeneinfluss die Geschlechtsorgane und die Brüste (= Thelarche). Männliche Hormone beeinflussen den geschlechtsspezifischen Haarwuchs (= Pubarche). Der Beginn der ersten Menstruation heißt Menarche. Die Pubertät beginnt unterschiedlich früh, im Normalfall zwischen dem 10. und 18. Lebensjahr.

Regeneration Erneuerung und Erholung.

Resilienz Individuelle Widerstandskraft gegenüber belastenden Situationen. Emotionale Stabilität mit realistischen Zielsetzungen, geistige Fähigkeiten für die Problembewältigung und auch soziale Faktoren mit Unterstützung im Umfeld sind für eine erfolgreiche Problembewältigung unumgänglich. Die Resilienz, also die innere Widerstandskraft des einzelnen Menschen, ist jedoch individuell sehr unterschiedlich.

Rezeptor In diesem Buch ist damit ein Membranrezeptor gemeint, ein Protein an der Zellmembran mit einer bestimmten Passform (= Schloss), welches für ein bestimmtes Molekül (= Schlüssel) genau geeignet ist. Nach dem Andocken des passenden „Schlüssels" kommt es zur Bindung von Signalmolekülen, welche dann in der Zelle bestimmte Prozesse auslösen können. Ein Beispiel dafür ist der Östrogenrezeptor, an den das Hormon Östradiol gebunden wird.

RNA Akronym für **R**ibo-**n**ucleic-**a**cid (englisch), ein Biomolekül ähnlich der DNA, aber meistens einzelsträngig. Es besteht aus Zucker, Phosphat und 4 Stickstoffbasen (Adenin, Guanin, Cytosin, und – im Unterschied zur DNA – statt Thymin hier Uracil). RNA hat für den Organismus vor allem als Informationsüberträger Bedeutung. Die Basensequenzen einer Stelle der DNA werden auf RNA umgeschrieben, abgelesen und übersetzt. Sie dienen als Vorlage der Proteinsynthese in den Ribosomen („Proteinfabriken") der Zelle.

Schlaganfall Gehirnschlag oder zerebraler Insult, auf Englisch „Stroke" genannt, bei dem die Blutversorgung im Gehirn plötzlich gestört wird. Es kann dabei schlagartig zu Lähmungen und Bewusstlosigkeit kommen. Die Ursache ist entweder eine plötzliche Minderdurchblutung durch Thrombose, Embolie oder Spasmus, oder eine Gehirnblutung mit sekundärer Durchblutungsstörung (Ischämie) durch Raumforderung.

Serotonin Ein Neurotransmitter und Gewebshormon. Im zentralen Nervensystem wirkt Serotonin vor allem stimmungsaufhellend. Es wird manchmal auch „Glückshormon" genannt. Serotonin ist in der Natur weit verbreitet und kommt in hoher Konzentration z. B. in Walnüssen vor. 95 % des Gesamt-Serotonins im menschlichen Organismus befinden sich im Darm und sind wichtig für die Peristaltik. Serotonin wird im Blut vor allem in den Blutplättchen – den Thrombozyten gefunden und trägt zur Blutgerinnung bei. Die Wirkungen von Serotonin auf den Blutkreislauf sind komplex. Serotonin selbst kann nicht als Arzneimittel verwendet werden. Es gibt jedoch Medikamente, welche die Wirkung, den Abbau und die Wiederaufnahme von Serotonin beeinflussen, wie z. B. SSRI (siehe unten).

Sekretionsschleimhaut In der Gynäkologie: die zur Einnistung einer befruchteten Keimblase vorbereitete Gebärmutterschleimhaut mit vergrößerten Schleimhautdrüsen und Einlagerung von Glykogen und Fetten als Energiequellen. Sie entsteht durch Umwandlung der aufgebauten Gebärmutterschleimhaut unter dem Einfluss von Progesteron.

SERM Akronym für **S**elective **E**strogen **R**eceptor **M**odulator (englisch). Arzneimittel, die auf Östrogenrezeptoren wirken und die Wirkung des Östrogens stimulieren oder hemmen können. Sie werden sehr unterschiedlich verwendet: als Östrogenantagonisten in der Brustkrebsbehandlung, als Mittel gegen Osteoporose, bei Problemen mit Unfruchtbarkeit und vielem mehr.

SNRI Akronym für **S**erotonin **N**oradrenalin **R**euptake **I**nhibitor (englisch). Arzneimittel, welche die Wiederaufnahme von Serotonin und Noradrenalin im synaptischen Spalt verhindern und dadurch die Verfügbarkeit von Serotonin und Noradrenalin erhöhen. Werden in der Behandlung von Depressionen, Angst und Zwangsstörungen eingesetzt, wie auch SSRI-Präparate. Auch in der Gynäkologie werden SNRI- wie SSRI-Präparate verwendet, siehe SSRI.

Sokratischer Dialog In der kognitiven Psychotherapie verwendete Gesprächstechnik zwischen Arzt und Patient, bei welcher der Patient als gleichberechtigter und selbstreflektierender Partner auf der Suche nach dem Kern des Problems gesehen wird. Ziel der Behandlung ist das Verständnis für Zusammenhänge von Gefühlen und Gedanken, die das Verhalten beeinflussen. Der Patient soll selbst eine annehmbare Lösung finden.

Somatopause Lebensphase, in welcher der Einfluss des Wachstumshormons Somatotropin abnimmt – zeitgleich mit der Menopause und/oder danach. Ein Altersfaktor, der auch bei der Beurteilung von vermehrten Abbauerscheinungen zu berücksichtigen ist.

SSRI Akronym für **S**elective **S**erotonin **R**euptake **I**nhibitor (englisch). Eine Arzneimittelgruppe, welche die Wiederaufnahme von Serotonin im synaptischen Spalt verhindert und dadurch die Verfügbarkeit von Serotonin erhöht. SSRIs werden therapeutisch bei Serotoninmangel-Symptomen wie Depressionen, Angst und Zwangsstörungen und in der Gynäkologie beim prämenstruellen Syndrom eingesetzt. Bei Wechselbeschwerden werden SSRIs und SNRIs verwendet, wenn Östrogene nicht verschrieben werden dürfen, wie zum Beispiel bei Brustkrebs.

Thelarche Der Beginn der Brustdrüsenentwicklung beim Mädchen.

Thrombose Krankhafte Bildung eines Blutgerinnsels meistens in einer Vene mit nachfolgender Blutstauung. Die Ursachen dafür können veränderte Blutgerinnungsfaktoren, Störungen der Gefäßwand und eine herabgesetzte Blutströmungsgeschwindigkeit sein.

Thyroxin oder Tetrajodthyronin, T4 Schilddrüsenhormon mit 4 Jodatomen, das in der Zelle zu aktivem T3 dejodiert wird. Das am häufigsten therapeutisch verwendete Schilddrüsenhormon bei Unterfunktion der Schilddrüse.

Trijodthyronin oder Liothyronin, T3 Schilddrüsenhormon mit der stärksten biologischen Aktivität. T3 ist zusammen mit T4 (siehe oben) verantwortlich für das normale Funktionieren der Stoffwechselvorgänge im Körper. Beispiele dafür sind der Energieverbrauch, die Körperwärme, die Funktion von Herz, Kreislauf, Muskeln, Nerven, Darm, Gehirn und vieles mehr.

Tryptophan Eine sog. essenzielle Aminosäure. Sie kann vom Körper nicht selbst produziert werden und muss durch Proteine in der Nahrung zugeführt werden. Tryptophan ist wichtig als Vorstufe zu Vitamin B3 und als Vorläufer von Serotonin und Melatonin.

Turner Syndrom Angeborene genetische Abweichung mit dem Chromosomensatz X0 statt entweder XY (männlich) oder XX (weiblich). Das neugeborene Baby sieht wie ein Mädchen aus, hat jedoch keine funktionierenden Eierstöcke, die Östrogen produzieren können. Es gibt auch Mischformen (Mosaik) mit XX und X0. Die typischen Kennzeichen eines Turner-Mädchens sind Kleinwuchs, flacher Brustkorb und verschiedene äußerlich sichtbare Merkmale sowie Fehlbildungen bei inneren Organen.

Vegane Ernährung Diät, die frei von tierischen Produkten ist: Kein Fleisch, Fisch, Geflügel, aber auch keine Produkte, die von Tieren hergestellt werden, wie Eier, Milch und Honig.

Vulvo-vaginale Atrophie (VVA) Schrumpfen des Gewebes im Intimbereich (Scheideneingang und Scheide) der Frau. Wird verursacht durch Östrogenmangel und Altersveränderungen von Schleimhaut und Haut nach der Menopause.

WHI Akronym für **W**omen's **H**ealth **I**nitiative (englisch). Das bisher umfangreichste Forschungsprojekt über amerikanische Frauen mit 160.000 Studienteilnehmerinnen. 1991 von der amerikanischen Gesundheitsbehörde gestartet mit dem Ziel, die Gesundheitsaspekte postmenopausaler Frauen in Bezug auf Herz-Kreislauf-Erkrankungen, Krebs und Osteoporose zu untersuchen. Die WHI umfasste vier klinische Studien (Diät, Kalzium/Vitamin D, Hormone) und eine Observationsstudie. Ein Teil dieser Studien wurde vorzeitig abgebrochen, weil man sehen konnte, dass das Risiko für Herz-Kreislauf-Erkrankungen und Thrombose den Nutzen der Hormonbehandlung überstieg. Man konnte auch ein steigendes Brustkrebsrisiko in der Gruppe von Frauen beobachten, die mit einer Kombination von Stutenhormonen und MPA, einem Gestagen, behandelt wurden. Die Probleme der Interpretation der WHI werden in diesem Buch eingehend beleuchtet.

Zirbeldrüse Auch Epiphyse oder Corpus pineale genannt, zentral im Gehirn auf der Rückseite des Mittelhirns. Sitz der Melatonin-produzierenden Zellen. Das Hormon Melatonin ist verantwortlich für den Schlaf-Wach-Rhythmus und sorgt für guten Schlaf.

Zöliakie Im Gegensatz zur Glutenintoleranz ist die Zöliakie eine Auto-Immunerkrankung die durch das Klebereiweiß Gluten verursacht wird. Sie führt zur Bildung von Autoantikörpern gegen das körpereigene Enzym Gewebetransglutaminase mit Entzündung und Funktionsbeeinträchtigung der Darmschleimhaut. Oft ist die Zöliakie auch mit anderen Auto-Immunerkrankungen – Krankheiten, in denen sich das Immunsystem gegen eigene Körperzellen richtet – vergesellschaftet. Die Verdauung funktioniert schlecht. Die Symptome reichen von chronischen Durchfällen, Müdigkeit, Abgeschlagenheit bis zu Blutarmut und Leistungsverminderung.

Zyste Mit einer Flüssigkeit gefüllte Gewebeblase.

Stichwortverzeichnis

H. Löfqvist, *Hormontherapie in den Wechseljahren*,
https://doi.org/10.1007/978-3-662-62710-5